JN101618

DOJIN
SENSHO

86

海洋プラスチックごみ問題の真実

マイクロプラスチックの実態と未来予測

磯辺篤彦 著

口絵①　長崎県五島列島の海岸に漂着した海洋ごみ

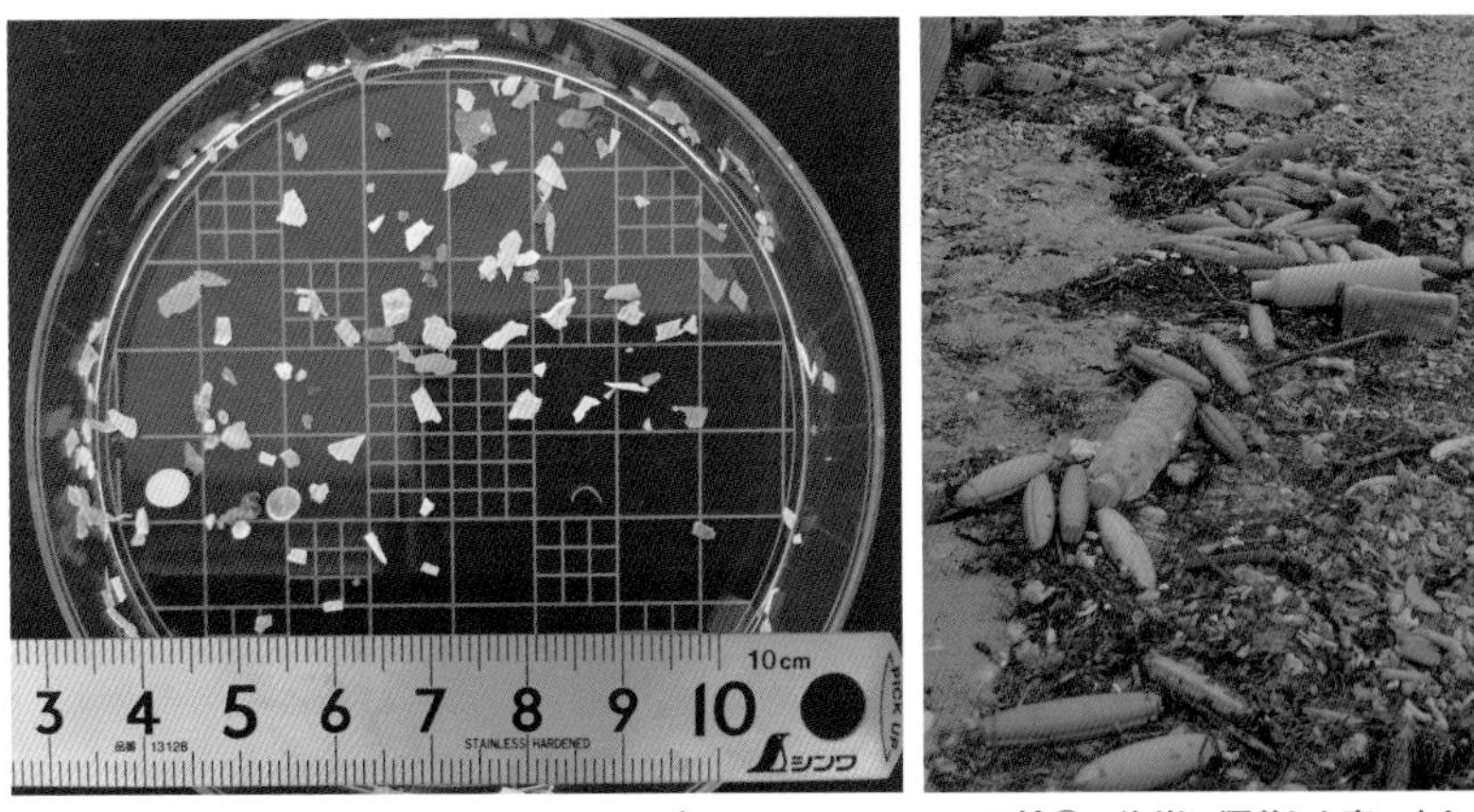

口絵④　日本近海で採取されたマイクロプラスチック

口絵②　海岸に漂着した青いウキ

口絵⑤　ニューストンネットを使ったマイクロプラスチックの曳網採取（南太平洋）

口絵⑦　北太平洋で観測航海中に撮影されたグリーン・フラッシュ
写真撮影:西 武宏・松永豊毅（磯辺研究室:2011年当時）

口絵③　五島列島に流れ着いた漂着ごみの起源推定実験。下に行くほど日付（右下）が遡る。

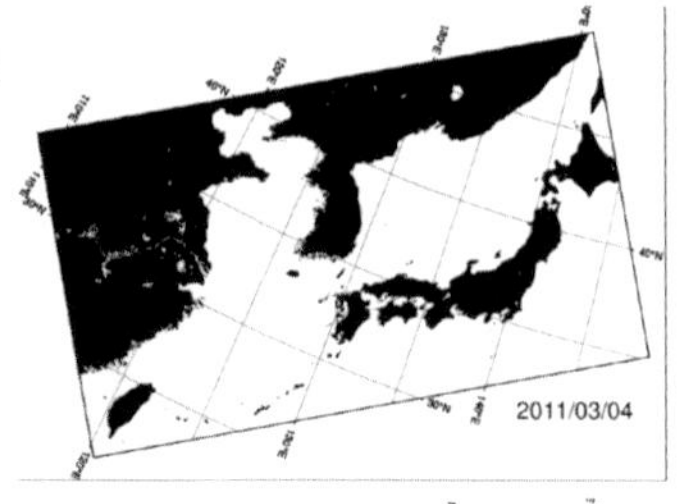

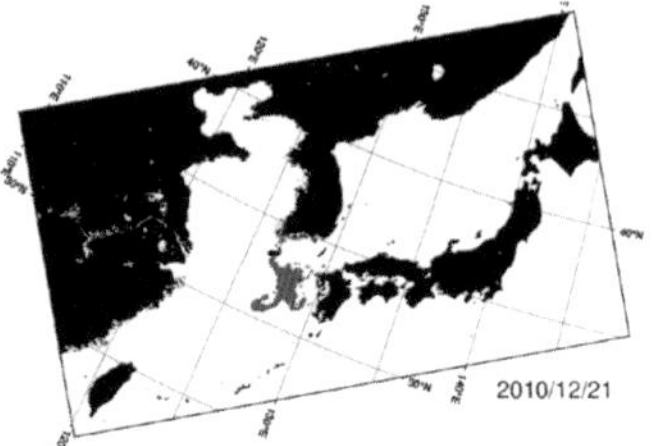

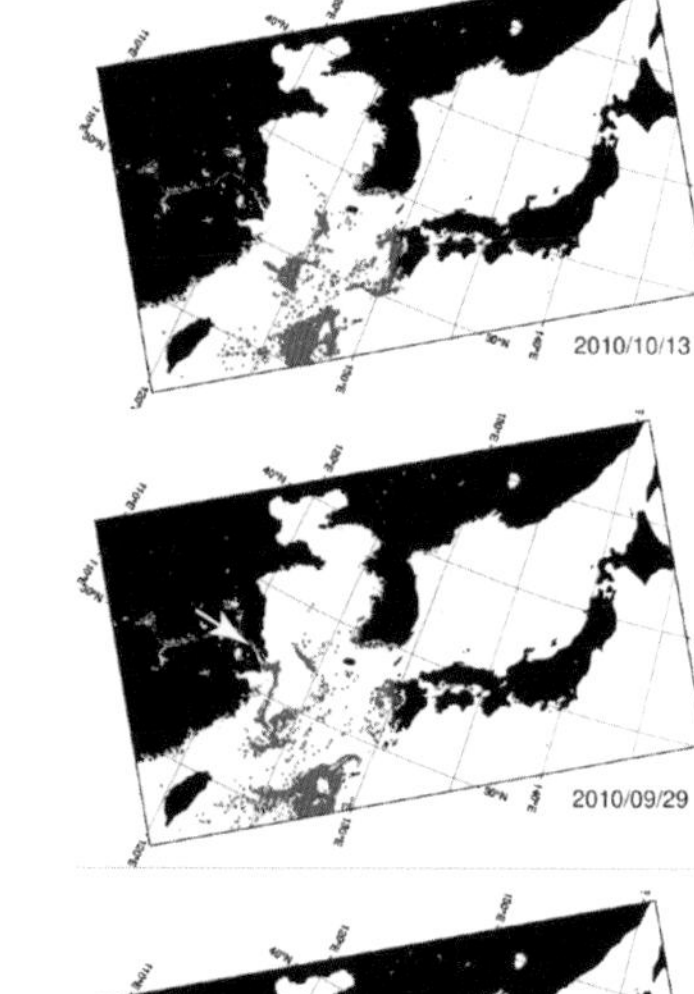

2010/08/24

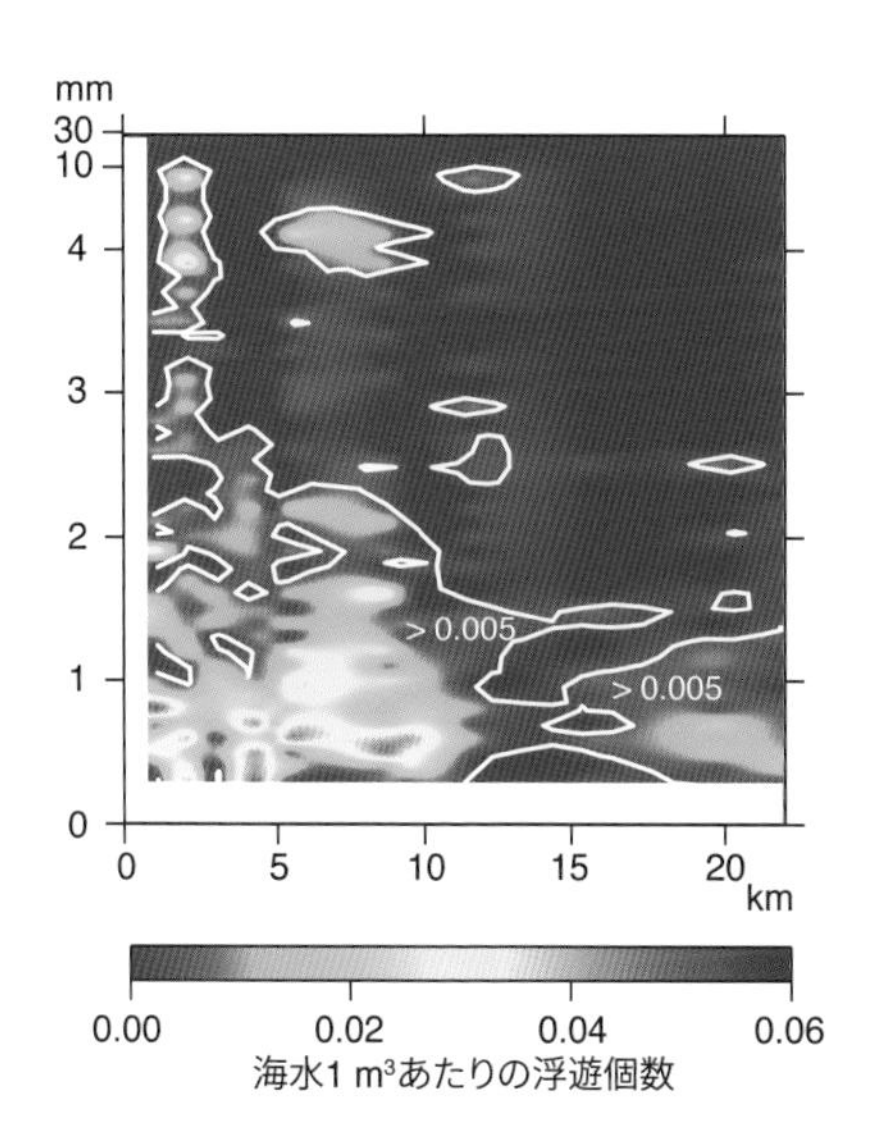

口絵⑥　瀬戸内海で採取したマイクロプラスチックの浮遊濃度（トーン）。横軸は採取位置から岸までの距離で、縦軸はマイクロプラスチックのサイズ。
Isobe et al, 2014[83]より作成。

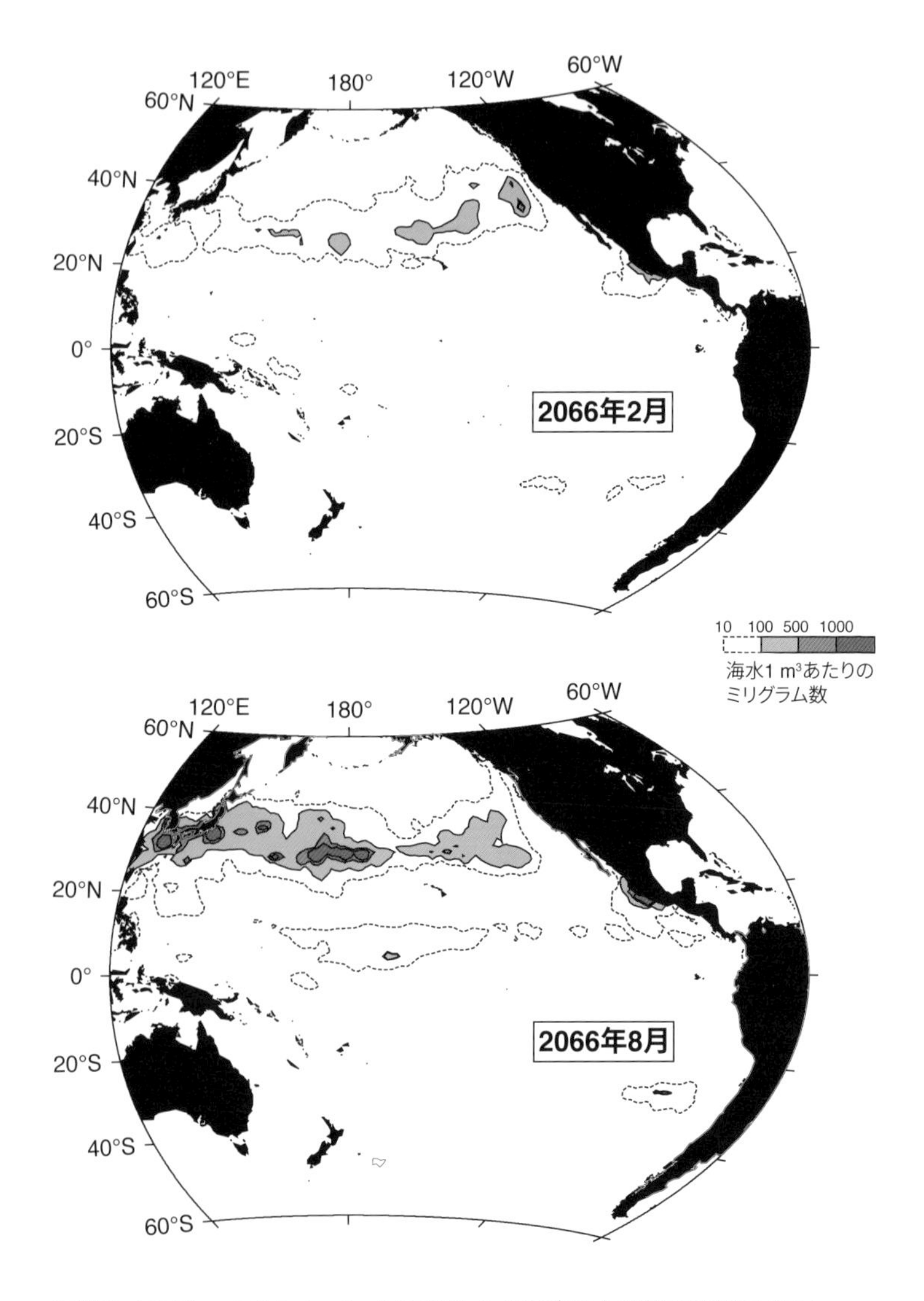

口絵⑧　コンピュータ・シミュレーションで予測した、2066年の太平洋での浮遊マイクロプラスチック濃度
Isobe et al., 2019(104)より作成。

はじめに

私たちが、海洋ごみ（漂流・漂着ごみ）の研究を始めたのは、いまから一〇年以上前の二〇〇七年ごろでした。私の専門は海洋物理学といいます。どのように波が立ち、海流が生まれるのかを研究する学問分野です。私の住む九州や、あるいは南西諸島の海岸には、観光の妨げになるほど大量の海洋ごみ、それもプラスチックごみが漂着していると話には聞いていました。そこで、周辺の海流や波を分析することで、海洋ごみの発生源を突き止める研究を始めたのでした。ごみを海に捨てないでという、国内外での啓発に利用してもらえればというわけです。現代の海洋物理学者は、人工衛星や海洋ロボットで海を監視しつつ、コンピュータ・シミュレーション（決められた法則にしたがって現実の世界を再現する実験）を駆使して研究を進めています。実のところ、この程度のことは簡単と高をくくっていたように思います。対馬暖流や黒潮といった海流が近くを流れる五島列島（長崎県）には、国内外にさまざまな起源を持つ海洋ごみが漂着すると思われました。そこで、この場所を調査地点に選んで、私たちの研究は始まりました。

しかし、五島列島の海岸へ調査に赴いた私たちは、そこで衝撃的な光景を目にしたのでした。海岸を埋め尽くすプラスチックごみの山（口絵①）。崖の下にあって人が立ち寄る場所ではありません。すべて海から流れ着いたものでした。のちの試算で数トンと判明した大量の漂着ごみが、もっとも厚い場所では二メートルを超える層になって海岸を覆っていたのです。大きなプラスチックごみだけではありません。足元を観察すれば、こんにちではマイクロプラスチックと呼ばれるプラスチックの小片が入り混じっています。私たちは、漁船をチャーターして、近くの海で網を曳（ひ）いてみました。五島列島の海は青く澄み通って、一見したところで、漂流するプラスチックごみなど目にすることはありません。ところが、引き上げた網には、細かなプラスチックのかけらやフィルム、そして糸くずが数多く絡まっていたのです。何か大変なことが起きている。

世界の研究者が発表する海洋ごみの論文は、私たちが研究を始めた二〇一〇年前後から急激に数を増やしています。私たちが五島列島で衝撃を受けたころに、世界中の研究者も近隣の海で同じような体験をしたのかもしれません。互いに連絡を取り合ったわけでもないのに、世界中の研究者が同じような時期に、海洋ごみ研究を開始する。それほどに海に捨てられたプラスチックが目立つようになったということでしょう。

日常生活にありふれた便利なプラスチックですが、ひとたび環境中に捨てられてしまえば、謎の多い厄介ものに変わります。時を経るにつれて細かく砕けていくプラスチックごみが、最後はどこかに消えて、行方がわからなくなる謎。そもそも、地球環境下でプラスチックはどこまで小さく砕けるのでしょうか。海水より軽いポリエチレンやポリプロピレンといった素材のプラスチック（プラスチック素材には、用途に応じた数十種類があります[1]）を、海底にまで運ぶ海の仕組みとは？　海面から海底に広がるプラスチックごみは、海洋生物にとって深刻な脅威となるのでしょうか。研究が進むにつれて、これら海洋プラスチックの謎は深まるばかりです。なんといっても、このテーマに大勢の研究者が関わり始めて、まだ一〇年ほどしか経っていないのですから。

この本では、海に流れ出たプラスチックの何が問題となっているのか、基本的な知識から研究の最前線まで、みなさんをご案内したいと思います。研究者たちが知恵を持ち寄り、時には失敗を重ねつつ、新たな環境問題に立ち向かう現場からのレポートです。

海洋プラスチックごみ問題の真実◉目次

第一章

海洋ごみの現状

漂着ごみを空から測る

いま日本の海岸には、どのくらいの海洋ごみが漂着しているでしょうか。海岸に漂着したごみの個数を数えて、それを集計するといえば、簡単に聞こえるかもしれません。しかし実際には、これはかなり難しい問題です。私たちが研究フィールドに選んだ五島列島の海岸（口絵①）を見てください。ここに落ちている漂着ごみを、一つ一つ数えることなど不可能でしょう。それに漂着ごみは、海岸でじっとしているわけではありません。嵐が過ぎたあと海岸を散歩すれば、波に打ち上げられた大量の漂着物を見かけたり、逆に漂着物が波にさらわれて消えたりすることに気づくでしょう。海洋ごみは、案外と早く海と海岸の間を出入りするものです。これでは、たとえば年一回程度の調査で調べた海岸漂着ごみの個数など、どこまで平均的な値なのか怪しいものです。

私の専門である海洋物理学や海洋学だけではなく、おしなべて自然科学というものは計測データなしでは始まりません。しかも、信頼できる方法で得た、精度良いデータが求められます。海洋ごみ研究を、一流の国際学術誌に論文が発表できる立派な科学にしよう。これが五島列島で研究を始めたころに、私たちが立てた目標でした。

まず、**口絵①**にある海岸漂着ごみの量を測ってみよう。そのために、私たちが立てた作戦は次の通りです。[2] まず、デジタルカメラを吊り下げたバルーンを上げて、海岸の全景を空撮する（**写真1－1**）。続いて、空撮した海岸画像を使って、漂着ごみに覆われた部分の面積を計算する。あとで述べるように、漂着ごみの大半は色目の派手なプラスチックです。したがって背景の砂浜や流木と見分けるのは、それほど難しくないのです。

さて、ここからが大変です。最後に、一平方メートルあたりの枠内にある漂着ごみの重量を計ります（**写真1－2**）。一箇所の重量を計っただけではだめです。何といっても乱雑に積み上がったごみの山なので、計る場所によって、ばらつきが大きすぎるのです。場所を変えた多くの枠内で重量を計って、平均する必要があるでしょう。こうやって求めた一平方メートルあたりの平均重量に、バルーン空撮で求めたごみの被覆面積を掛ければ、海岸全体の漂着ごみ重量が求まるというわけです。

糸でつながったバルーンを引っ張りながら、海岸を隅から隅まで歩いて全景の空撮を終えた私たちは、次にバネばかりを持って、漂着ごみ重量を計りに掛かりました。夏の暑い時期

写真 1-1　バルーンによる海岸漂着ゴミの撮影

写真 1-2　海岸漂着ごみの重量測定

には、崖下の海岸に吹いてくる海風は湿気を帯びて、たちどころに汗が噴き出します。漂着したペットボトルには甘い液体が残っていたのでしょうか。群がるアブに悩まされながらも、一〇箇所の枠内でごみ重量を計るまで、丸二日かかったのでした。人の立ち寄らない海岸ですが、黙々と漂着ごみの中を這い回る集団が目撃されたなら、いったいどう映ったことでしょう。ただ海岸に積み重なる漂着ごみの重量を知りたい。それだけのために知恵と体力をふり絞って、研究者というのは奇妙な情熱と執着を持っているものだと思います。

　こうして得た重量は、海岸全体で約〇・七トンというものでした。その後に季節を変えて二回の調査を行ない、それぞれ四トンと二・八トンといった数値を得ました[3]。三回の結果を平均すれば二・五トンで、よくもまあ、これだけの海洋ごみが溜まったものです。

　さて、ここで最初の問題を考えてみましょう。日本の海岸には、どの程度の海洋ごみが漂着しているのでしょうか。この二・五トンという数値がヒントになりそうです。私たちの調査した海岸は長さが五〇〇メートル程度です。二・五トンを五〇〇メートルで割って、日本の海岸線長である三万五〇〇〇キロメートルをかけると二〇万トン弱です。ただし、日本の海岸が、どこもこんなにうず高く漂着ごみに覆われているわけではありません。この数値は上限値といったところでしょう。

その後、環境省は人海戦術で海岸調査を行なって、日本全国の海岸での漂着ごみ重量を二三万〜五九万トンと推定しました[4]。この種の調査は漂着ごみのあるところで重点的に行なわれますので、やはり大きめの数値になりがちです。これらから考えれば、日本の海岸に漂着する海洋ごみの重量として、一万トンでは少なすぎて、かといって一〇〇万トンは多すぎる。一〇万トン程度が一つの目安になるでしょうか。

現在では、私たちの研究グループに当初から参加していた加古真一郎博士（現 鹿児島大学助教）を中心に、ドローンと深層学習を使って素早く正確に漂着ごみ量を計測する技術が確立されつつあります[5]。新技術の導入によって、近い将来に、この一〇万トンといった数値は、もっと確からしい値に置き換わることでしょう。海岸に溜まった漂着ごみの総量や分布の様子は、海岸清掃事業に必要な資金や人員を振り分けるうえで、欠かせない情報なのです。

漂着ごみを定点監視する

海洋ごみは、案外と早く海と海岸の間を出入りするものです。漂着ごみの重量を見積もった五島列島の海岸でも、〇・七トンから四トンまで、ばらつきは六倍ほど広がっています。漂着ごみは、いつやって来て、いつなくなるのでしょうか。そんなことどうでもいいじゃないか、と思われるかもしれません。でも、研究を始めた以上、私たちは海洋ごみのすべてを知りたくなったのです。バルーンを使った調査を終えた私たちは、続いて漂着ごみの出入りする様子を調べることにしました。

さて、どのくらいの頻度で何を調査すれば、漂着ごみの出入りする様子が捉えられるのでしょう。手がかりは一九九八年に発表された一本の論文でした[6]。米国ニュージャージーの海岸で漂着ごみ量（個数）の経年変化を調べたものです。漂着ごみの個数を、月に一度の頻度で六年にわたって記録し続けた労作です。まさに継続は力で、漂着ごみ量が六年間で徐々に増えていく様子が、見事に捉えられています（図1-1）。

しかし、注意深く図を見れば、不規則な変化が少し大きすぎるように思えます。海洋ごみは、風と海流によって運ばれます。正確には、海洋ごみの海面から空中に出た部分を風が押して、海面から下に沈んだ部分を海流が押すことで流されます[7]。風や海流は、季節によって強さと向きを大きく変えるものです。したがって、海岸漂着ごみの量も季節によって大きく変わるはずです。ところが図には、あるはずの季節変化がまったく見えません。大きく変わる漂着ごみの個数も、何か規則性があるようには思えません。きっと月一回の調査では、頻度が少なすぎたのでしょう。本来の漂着ごみ量の推移が、うまく捉えきれなかったようです。

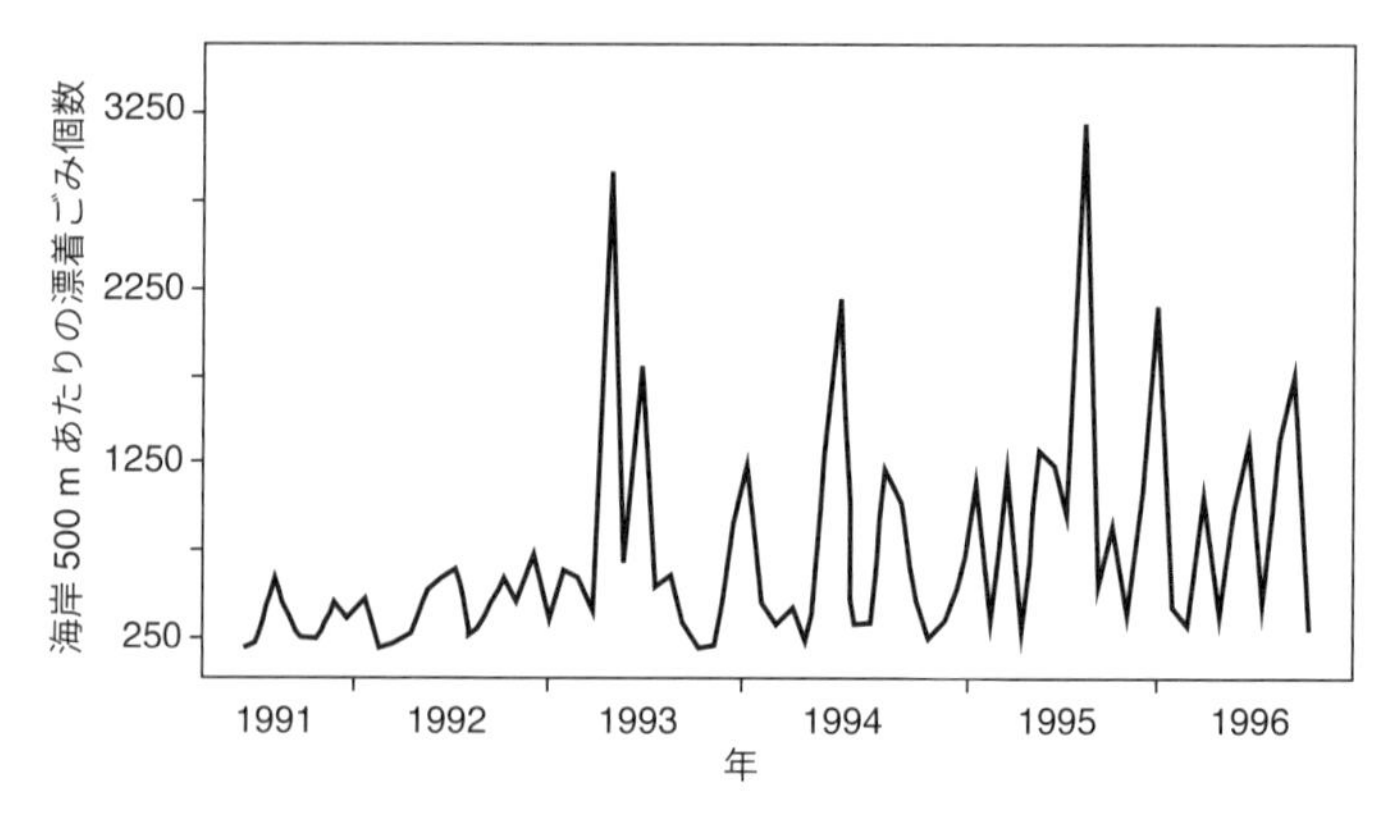

図 1-1　ニュージャージー州の海岸で調査した漂着ごみ個数の経年変化　Ribic, 1998[6], with permission from Elsevier.

ともかく調査の頻度を、一ヵ月より飛躍的に高めることが必要です。そこで私たちが目をつけたのが、研究を始めた当時から街中でも見かけるようになったライブカメラ（ウェブカメラ）でした。私たちは、バルーン空撮を行なった同じ海岸にライブカメラを設置して、連続撮影を行なうことにしました。[8] 多くの漂着ごみが映るようカメラの角度を調整しつつ海岸に向け、一時間に一回の写真を一年半にわたって自動撮影し続けたのです。画像データはインターネットで研究室まで転送させました。自動撮影や転送に必要な電源は、太陽電池パネルを取り付けて確保しました。そのあとの画像処理はバルーンの空撮写真と同じです。色目の派手な漂着プラスチックごみが海岸を覆う面積を計算して、毎時の面積を漂着ごみ量の指標とし

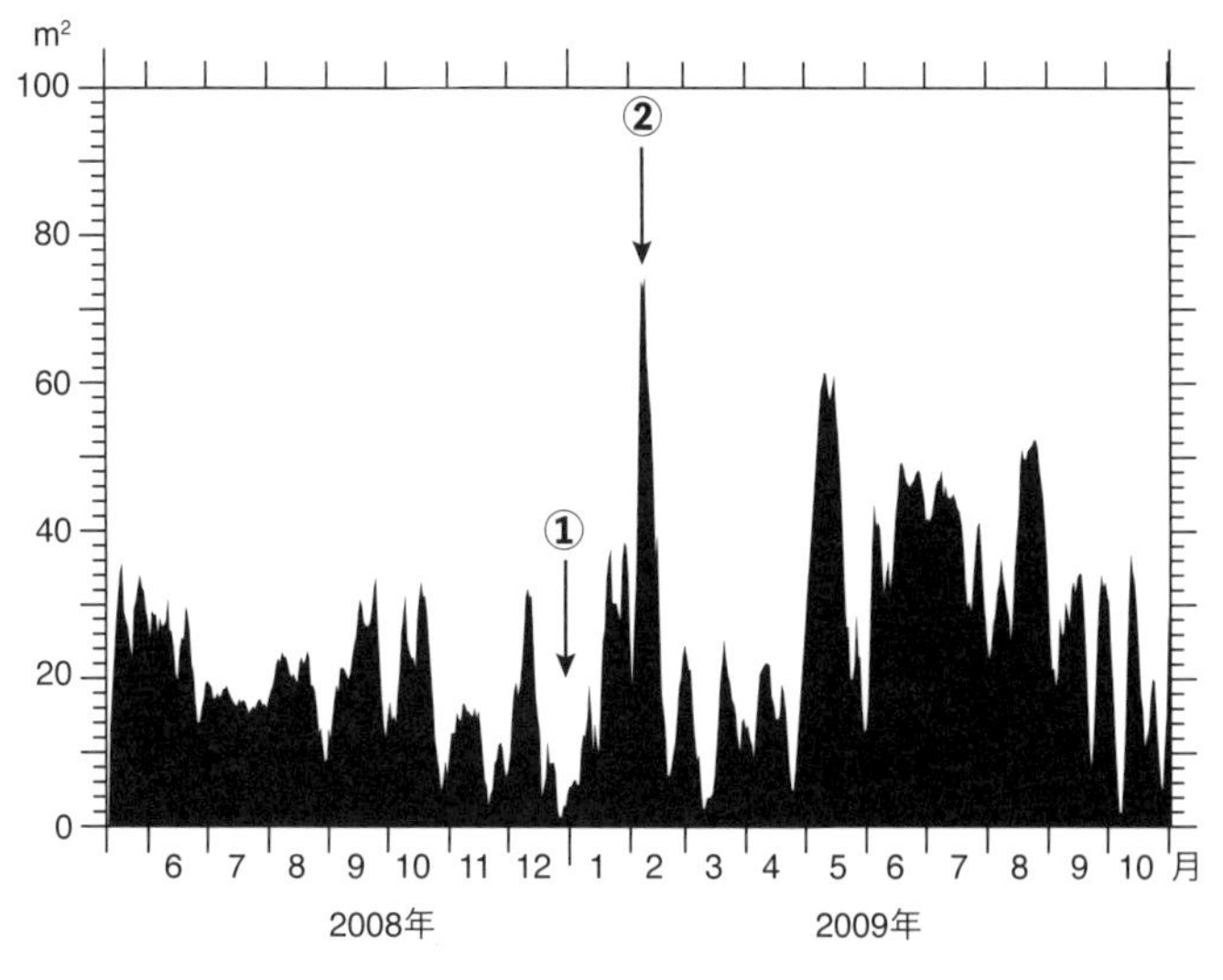

図 1-2　ウェブカメラで求めた漂着ごみの海岸被覆面積の変化

て記録しました。

海岸漂着ごみの毎時計測は、その時点では世界初の試みでした。そして、文字通りに時々刻々と変化する漂着ごみ量の様子を、見事に捉えることができたのです（図1－2）[3]。グラフを眺めれば、夏に多めで冬に少なめとなる漂着ごみ量の季節変化が浮かび上がってきます（二〇〇九年一月から二月の急な増減には、ちょっと目をつぶってください）。海を漂う海洋ごみの量が夏に増える理由はとくになさそうですから、これは周辺の海流や風の季節変化を反映しているのでしょう。

しかし何より目立つのは、グラフの量が一カ月以内の短期間のうちに、激しく増減している様子です。近隣の気象データと付き合わせたところ、この変化は低気圧の通過に呼応したものでした[8]。海岸に吹き寄せられ、あるいは大波にさらわれる漂着ごみの動きを反映していたのです。漂着ごみは、確かに海と海岸の間を頻繁に出入りするものでした。

ライブカメラによる漂着ごみの調査は、海岸清掃活動の難しさを教えてくれます。もう一度、グラフを見てください。たとえばみなさんが、この海岸で二〇〇九年一月上旬に海岸清掃を行なったとしましょう（グラフの矢印①）。前の夏に同じ海岸で見かけた漂着ごみよりも、ずいぶんと量が少なめでした。これだと作業もはかどって、手際よく漂着ごみが片付くことでしょう。しかし、そのひと月後の二月上旬に海岸を訪ねたみなさんは、せっかく掃除したはずの海岸で、前より増して大量に漂着するごみの山に驚くことでしょう（矢印②）。

たとえきれいに片付けたところで、海洋ごみは次から次へと海岸に押し寄せます。せっかく掃除した海岸が、たった数日で元の木阿弥に戻ることすらあるのです。それでも、いつかきれいな海岸が戻ることを信じて清掃活動を続けるＮＰＯや地域ボランティアのみなさん、また地方自治体の努力には、本当に頭が下がる思いです。

一〇万トン程度の海洋ごみが漂着するわが国は、海岸清掃や海洋ごみの発生を抑える対策に、いま年間で約三〇億円の費用をかけています[9]。毎年三〇億円が国から地方自治体に配分され、それぞれの自治体が実情に合わせて必要な事業を行なう仕組みです。これだけの経費をかけ、また多くの人たちの努力があっても、次から次に新たな海洋ごみは海岸に漂着する。海洋ごみが初めて議題に取り上げられた二〇一五年エルマウG7サミットの首脳宣言付属文書には、「海洋ごみと戦う（combat）ための行動計画」が盛り込まれています。しかし、いったい海洋ごみとの戦いに終わりは来るのでしょうか。

なお、私たちの提案したライブカメラによる漂着ごみの調査は、世界の研究者から注目を集めました。五島列島での調査から六年後の二〇一五年に、今度は米国オレゴン州の海岸で、ライブカメラによる調査を開始することになったのです。東日本大震災に伴う震災漂流物の国際研究プロジェクトに誘われたのでした（コラム1）。

海岸の漂着ごみは何日で入れ替わるのか

激しく出入りを繰り返す漂着ごみですが、すべてが一度の嵐で海に戻るわけではありません。海岸を奥深く打ち上がった漂着ごみなど、すぐには海へ戻りづらいでしょう。波にさらわれて海に戻る漂着ごみ、海岸に残るごみ、そして新たに海からやって来る漂着ごみ。これらの差し引きで、海岸の漂着ごみは少しずつ入れ替わっていくものです。ある海岸でみなさんが数多くの漂着ごみを見たとしましょう。ずいぶんと日数が経ってのち、同じ海岸を訪ねたみなさんは、やはり多くの漂着ごみを見かけるかもしれません。しかし、以前と今回で同じ程度の量であっても、見かけた漂着ごみは、中身がそっくり入れ替わっているかもしれないのです。それでは、海岸に散らばる漂着ごみは、どの程度の日数をかけて、別の漂着ごみに入れ替わるのでしょうか。そんなこと考えたこともなかったとの声が聞こえてきそうです。

研究者の奇妙な情熱と執着を発揮したのは、研究グループのメンバーであった日向（ひなた）博文博士（現　愛媛大学教授）と片岡智哉博士（現　東京理科大学助教）のコンビでした。海岸の漂着ごみは何日で入れ替わるのか。この問いに答えるため、彼らがとった方法は「漂着ごみの個体識別追跡調査」でした。[10]

まず、伊豆諸島の新島（にいじま）で、ある海岸を調査対象に選びました。選定の基準は、五島列島で私たちが選んだ海岸と同様に、人が立ち寄らず海岸清掃もしないこと。実際のところ、限られた予算や人員では、観光価値に乏しく漁業にも使われない海岸は、清掃をせず放置されてしまいます。残念ながら、そのような海岸が、いまの日本には数多くあるのです。人の都合によって、清掃の行き届いたきれいな海岸と、漂着ごみに覆われた海岸に分かれてしまう。これが、いまの日本の海岸では現実に起きていることなのです。

さて、日向博士と片岡博士は、この海岸に流れ着いた青色で小型のウキすべてに、通し番号を書き入れました。漁網に浮力を与えるため取り付けるもので、よく見かける海洋起源のプラスチックごみです（口絵②）。そして一～三カ月後にふたたび海岸を訪れて、前回に通し番号で個体識別した小型ウキが、どれだけ残っているか、個数を記録しました。それから、また期間をおいて海岸を訪れ、さらに残ったウキの個数を調べるのです。これを繰り返すうち、最初に通し番号を書き入れたウキは、すべて波にさらわれてなくなってしまいます。そこで、新たに流れ着いた同型の小型ウキすべてに別の通し番号を書き入れ、一連の追跡調査を繰り返します。二人は二年半にわたって、七〇〇個近くの小型ウキについて一二回の追跡調査を繰り返したのでした。

通し番号を書き入れた日からの経過日数を横軸に、縦軸には海岸で数えたウキの個数をとって、その日変化を見ましょう（図1―3）。ただし一二回の追跡調査では、それぞれ最初に通し番号を書き入れたウキの個数が異なります。そこで図では、日ごと減っていくウキの個数を、最初の個数で割っています。こうすれば、一二回の追跡調査で最初の個数を一に揃(そろ)えることができて、並べて観察するのに便利だからです。

研究グループの打ち合わせで、初めてこの図を見た私たちは、思わず声を上げたものです。

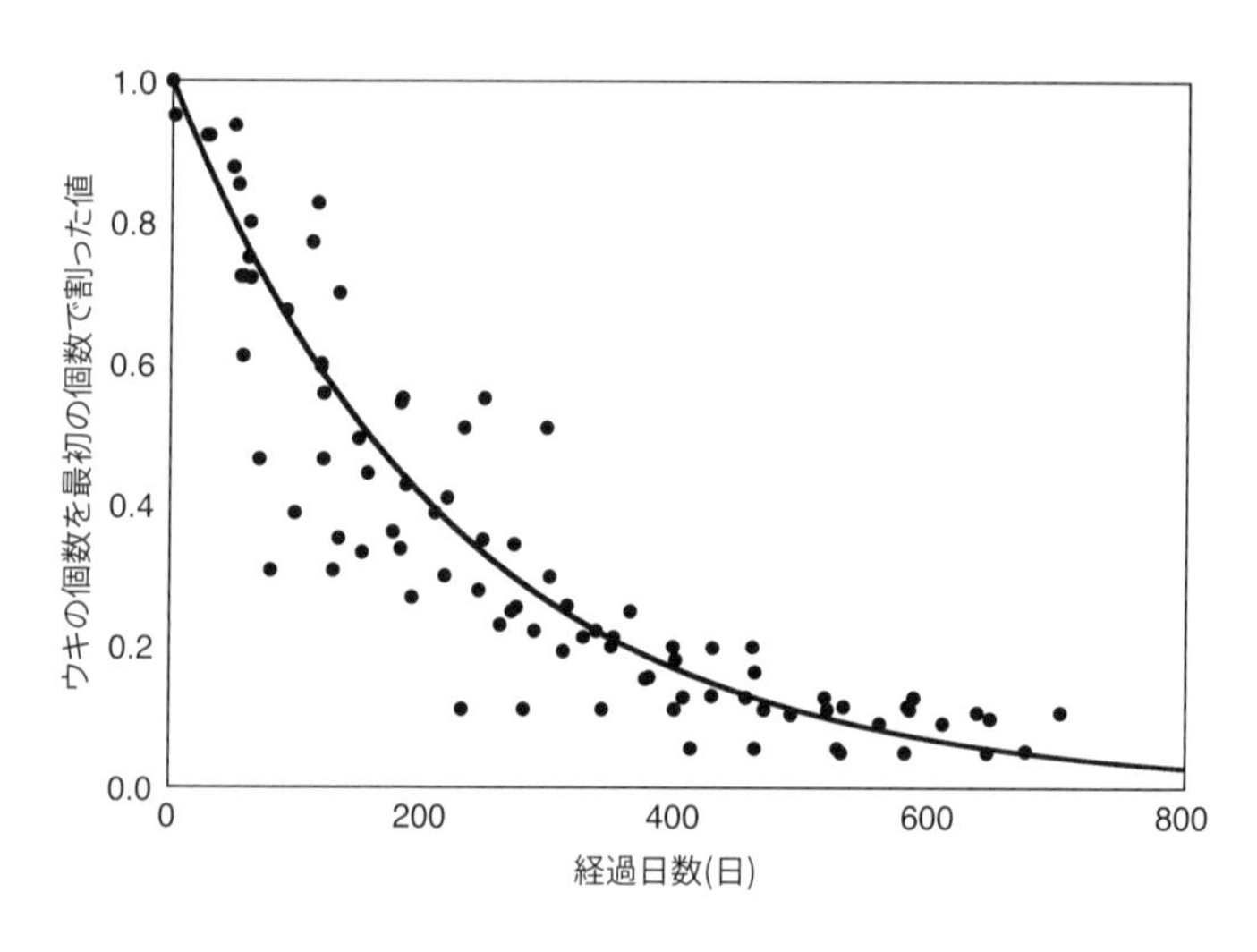

図 1-3　新島の個体識別追跡調査で明らかになった小型ウキの個数日変化
Kataoka et al., 2013[10]のデータより作成。

あんなに乱雑に散らばった漂着ごみですら、自然は美しく指数関数に乗せてしまう。人が出した海洋ごみなのに、自然の中では一定の法則にしたがって動くなんて、なんだか不思議に思われたのです。

ここで、ある範囲内にある物質の量が、時間が経つにつれて外に出ていく状況を考えましょう。範囲内の物質量が、図のように指数関数にしたがって減少するとき、元あった量のe^{-1}になる時間を、平均滞留時間と定義することができます[11]。物質が範囲内に留まる時間を意味します。図の指数関数曲線から、海岸漂着ごみが海岸に留まる平均滞留時間、すなわち、海岸に打ち上がってのち海に戻るまでの期間は、約半年と割り出されました。もちろん、一度の嵐で海に戻る漂着ごみもあるでしょう。反対に海岸の奥に入り込んで、なかなか海に戻らない漂着ごみもあります。これらすべての漂着ごみを平均して約半年という意味です。

半年という期間は、新島のなだらかな砂浜海岸で、プラスチック製の小型ウキを対象に割り出されたものです。しかし、なだらかに傾斜する砂浜など珍しくないでしょうし、ウキの形状も特殊なものではありません。求めた期間は、少なくとも一つの目安を与えるものでしょう。そして、あとで述べる通り、この半年という期間は、海洋プラスチックごみの一生で重要な意味を持っていたのでした。

海洋ごみはプラスチックごみ

これまで海洋ごみや漂着ごみという言葉を使ってきましたが、実のところ、個数比にして七割はプラスチックごみです。[12] 海洋ごみ問題とは、すなわち海洋に漏れ出た廃棄プラスチック問題なのです。

安価で軽く腐食しない性質は、プラスチックの優れた特質です。安価であれば、誰でもプラスチック製品を手に入れることができます。軽いプラスチックは加工しやすく、輸送コス

ト も低く抑えられるでしょう。腐食しないプラスチックだからこそ、たとえば食品を清潔に保存する包装材に普及が進みました。一九八〇年代には、プラスチックの生産量が鋼鉄を追い抜いています[13]。もっとも人類に多用される素材となったのは当然かもしれません。

しかし、安価ということは、平気で捨てられるということでしょう。軽いということは、ひとたび捨てられれば、遠くにまで運ばれやすいということです。腐食しなければ、いつまでたっても自然の中に残ります。日常生活で発揮されるプラスチックの利点は、すべて海洋ごみになりやすい欠点に裏返るわけです。海洋ごみの七割がプラスチックなのも当然でしょう。

いま私たちの日常には、プラスチック製品があふれています。この原稿を執筆している机の上を見渡しても、携帯電話のケース、メガネのフレーム、パソコンの電源アダプタ、ボールペンなど、数え上げればきりがありません。まさに現代は、一九四八年にヤードレイとカズンズが予見した「プラスチック時代（Plastic Age）」といえるでしょう[14]。生産された膨大なプラスチック製品を消費し、そして捨て続けることで、私たちはいまの文明を維持しているのです。

プラスチックが世界に出回り始めた一九五〇年代から現在まで、世界には八三億トンのプラスチック製品が供給されました。[15] その六割弱である四九億トンが、たとえば使い捨てのプラスチック容器や包装材として利用され、そして捨てられてきたのです。[15] もちろん、すべてが野外に捨てられたわけではありません。それでも、現在、年間で約三〇〇〇万トンは適正に処理されず、環境に流出しているとの試算があります。[16] そのうち、実に半数以上が東アジアや東南アジアからの排出です。日本に目を向ければ、年間で約一〇〇〇万トンのプラスチック製品が生み出されるとともに、やはり年間で九〇〇万トンが廃棄されています。[17] 廃棄されたプラスチックのほとんどは、焼却や埋め立て、あるいは再生利用に回され適正に処理されていますが、そんな日本からでも年間に約一四万トンのプラスチックごみが、環境中に漏れているといいます。[16] これは、日本のすべての海岸に漂着した海洋ごみの総量に匹敵します。決して少ない量ではありません。

一番多い漂着ごみは

いま日本の海岸で一番多い漂着ごみは何でしょうか。ある調査結果を紹介しましょう（環境省による「漂着ごみ対策総合検討業務」）。これは日本の海岸七箇所を選んで、二〇一一年度から四年間にわたって、漂着ごみの品目を細かく集計したものです（表1-1）。調査地

表 1-1　品目別の漂着ごみ個数（環境省「漂着ごみ対策総合調査検討業務」による）

順位	品目	個数（パーセント）	素材
1	ボトルのキャップ、ふた	16,171（15.5）	プラスチック
2	ロープ	16,149（15.5）	プラスチック
3	木材（物流用パレットや木炭を含む）	8,454（8.1）	木
4	ペットボトル<2L	5,268（5.1）	プラスチック
5	シートや袋の破片	4,523（4.3）	プラスチック
6	ウレタン	4,274（4.1）	プラスチック
7	荷造りバンド/ビニールテープ	4,170（4.0）	プラスチック
8	食品容器（食器/トレイ/調味料容器）	3,876（3.7）	プラスチック
9	ブイ	3,478（3.3）	プラスチック
10	その他	3,034（2.9）	プラスチック
11	ストロー/フォーク/スプーン/マドラー/ナイフ	2,855（2.7）	プラスチック
12	流木	2,793（2.7）	木
13	プラボトル<2L	2,687（2.6）	プラスチック
14	食品容器（カップ）	2,638（2.5）	発泡スチロール
15	アナゴ筒（フタ、筒）	2,430（2.3）	プラスチック
16	ポリ袋	2,162（2.1）	プラスチック
17	その他の漁具	2,025（1.9）	プラスチック
18	カキ養殖用コード	1,815（1.7）	プラスチック
19	ライター	1,805（1.7）	プラスチック
20	発泡スチロールの破片	1,766（1.7）	発泡スチロール

パーセントは、総数 104,231 個から算出。
地図の黒点は調査海岸。

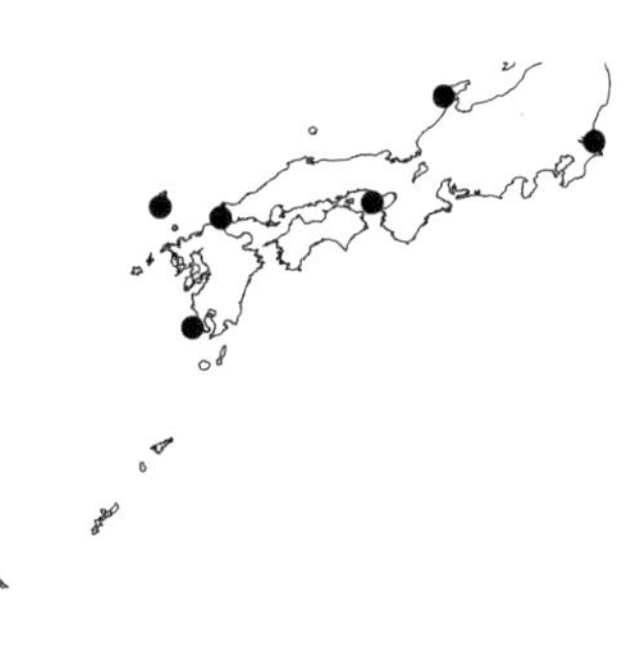

点には、太平洋から日本海、そして瀬戸内海に面した海岸がバランス良く選ばれました。海岸傾斜角は一五〜四五度の範囲に入ること、あまり清掃活動が行なわれない砂浜海岸であること、海からやって来るごみを捉えるよう河口から離れていること、調査日の風向など気象条件を揃えること。異なる海岸でも可能な限り条件を揃えるよう、よく設計された調査でした。海岸線に沿った方向に五〇メートルの距離をとって、その範囲に落ちている大きさが二・五センチメートル以上の漂着ごみの個数を、表にある品目ごとに数えました。四年間で一〇万個以上の漂着ごみを数えた大掛かりな調査でした。

表には個数の多かった上位二〇位までをリストアップしています。三位（木材）と一二位（流木）を除いて、すべてプラスチック製品です。プラスチックが世界に出回って七〇年ほどが経過しました。[14] これら漂着プラスチックごみは、七〇年前にはなかったものです。長い地球の歴史の中で、七〇年なんて、あっという間のことでしょう。ほんのわずかな期間のうちに、色目の派手なプラスチックが散らばって、海岸の景色は大きく変わってしまったのです。

この調査によれば、日本の海岸に落ちているもっとも多いプラスチックごみはボトルのキャップ（一五・五パーセント）で、ほぼ同数がロープでした。たとえば、ポリエチレンテレフタラート（ＰＥＴ）を素材とするペットボトルのキャップには、締まりを良くするため、柔らかいポリエチレンやポリプロピレンが使われます。ＰＥＴの比重（一・三七）[18]は海水（一・〇二五程度）より重いので、キャップが外れて中に海水が入り込めば沈んでしまいます。これに対してポリエチレン（比重〇・九一〜〇・九四）[18]やポリプロピレン（〇・八三〜〇・八五）[18]は海水よりも軽く、水面に浮いて遠くに運ばれ、海岸に打ち上がったのでしょう。四位には二リットル未満のペットボトルがランクインしています。一九九六年に清涼飲料水メーカーの自主規制が緩和され、一リットル未満の小型ペットボトルが社会に出回りました。[19]これと同時に屋外にペットボトルを持ち歩く人が増え、そしてボトルやキャップの多くが海洋ごみになったのでしょう。荷造りなどに用いるロープには汎用性の高いポリプロピレンが使われて、やはり遠くに運ばれます。軽いポリエチレンとポリプロピレンは海洋ごみになりやすい素材なのです。これらの生産量はプラスチック全体の半数程度ですが、[13]実際に五島列島の海岸でも、プラスチックごみの七割程度（重量比）は、この二つの素材が占めていました。[2]

表の九、一五、一七、一八位は、漁業によって発生した海洋ごみ（漁業ごみ）です。実際に海洋ごみの発生源として、漁業は無視できません。操業中に捨てられた漁網が海岸に打ち上がれば、もはや人力では取り除けません。荒天でやむなく投棄した場合もあるでしょう。それでも、海で生計を立てる漁業者だからこそ、安易に海洋ごみを増やすことなく、責任を持ってきれいな海を維持していただきたいと思います。ただ、表にある漁業ごみの割合は九パーセント程度です。もちろん、ロープや発泡スチロールの破片には、漁業に使われたものも含まれるでしょう。この割合は、まだ増える可能性があります。それでも、これまでの研究では、海洋ごみに占める漁業ごみの割合は、重量比や個数比で一〇〜二五パーセント程度と推算されています。[2][20][21] ほとんどの海洋ごみは、陸で発生したプラスチックごみなのです。

誰が捨てるのか

海洋ごみは、モラルの低い人たちが海岸で捨てるものなのでしょうか。もちろん、そういったこともあるでしょう。ただ、海岸で捨てるにしては、キャップやロープ、レジ袋（プラスチック製買い物袋）の切れ端や食器、ライター、大小のペットボトルなど、漂着ごみは多様にすぎるようです。日常生活で出るプラスチックごみのすべてが、海岸にあるといって良いでしょう。海水浴や釣りなど限られた用途での海岸利用では、このように多様なプラスチックごみの発生を説明できそうにありません。大勢の人が、わざわざペットボトルのキャップを握りしめて、海岸に遊びにいくとも思えません。

ここで、海岸漂着ごみの発生源を推定する実験を紹介しましょう。私たちの研究グループが五島列島を対象に行なったものです[22][23]。

まず実験では、コンピュータを用いて、五島列島周辺を含む広い範囲で海流分布を再現しました。いわゆるコンピュータ・シミュレーション（これからは単にシミュレーションと呼びます）ですが、ただのシミュレーションではありません。コンピュータで再現したバーチャルな海流には、いくらかの誤差が含まれます。流れの向きや速さが、現実の海に流れる海流とピタリと合うわけではありません。そして、このような誤差は、計算期間が長くなるにつれて少しずつ広がっていくものです。そこで、計算誤差を軽減する工夫が必要です。

現代の海洋物理学では、同化（アシミレーション）というテクニックが用いられます。実際の海で計測した水温や水位（海面高さ）などのデータを少しでも多く集め、シミュレーションで再現したこれら物理量を、集めたデータに合うよう補正していく仕組みです。補正はシミュレーションのプログラムの中で自動的に行なわれます。人工衛星が計測した海面水温や水位は、同化にはなくてはならないデータです。加えて、ロボットが計測したデータも重要です。

海を計測するロボットなんて、初耳かもしれません。いま実際に、約四〇〇〇台のロボット（アルゴフロートと名付けられています〔写真1－3〕）が世界の海で活躍しています。ロボットといっても、自分で前後左右に動くことはできません。海流に流されるままです。アルゴフロートができる動作は、海面から水深二〇〇〇メートルまでの上下運動だけです。上下運動の間に、海中の水温や塩分といった物理量を記録します。

写真 1-3　アルゴフロート

　ちなみに海洋学では、塩分を「一キログラムの海水に含まれる全物質のグラム数」と定義します。いわゆる塩気（しおけ）のことではありません。水温とともに海水の密度を決める重要な物理量です。密度がわかれば圧力に換算できて、これで海流分布を計算できるのです。

　さて、アルゴフロートは、一〇日に一度の海面に出たタイミングで、人工衛星を経由して、溜め込んだデータを地上に配信します。一〇日に一度配信される海面位置の変化で、海流の大きさや向きを割り出すことも可能です。アルゴフロートによって、時々刻々と変化する海の三次元情報を手に入れることができるのです。調査が未来へと続くよう世界の国々が協力しながらアルゴフロートを海に流すこと、そして、アルゴフロートが得たデータは世界共通の品質を保ち、誰でも無償で利用できること。このルールのもと運用されているアルゴフロートが人目につくことはありません。ほとんど海の中ですから。まさに、海の状態を監視する重要なインフラ・ストラクチャーといえるでしょう。

このような計測データを利用して補正をかけたシミュレーションは、非常に正確な海流分布を提供してくれます。しかも、コンピュータの中で再現した海流分布ですから、自由に加工することができるのです。

さて、本題に戻りましょう。海岸漂着ごみの発生源を推定する実験です。ここで、シミュレーションで再現した海流の向きを反転させます。日本南岸を東向きに流れる黒潮ならば、同じ大きさで西へと流れる海流に変えてしまうわけです。そして、このような逆向きにした海流の中に、漂着ごみに見立てた仮想粒子を流す実験です。海流に乗ってやってきた漂着ごみが、海流を遡(さかのぼ)って、元々あった場所に戻っていくでしょう。誰がごみを捨てたのか？

五島列島からプラスチックごみに見立てた仮想粒子を投入しました（口絵③）。一番上の図にある通り、投入日は二〇一一年三月です。下の図になるほど右下の日付が過去へと遡っていることに注意してください。粒子が時間を遡って、元あった場所に戻る様子が計算されているのです。前年の八月末から九月末にかけて、粒子の一部が白い矢印の場所に吸い込まれる様子が観察できます。ここは揚子江（長江）の河口です。

この実験結果が与えてくれるメッセージは、漂着ごみが揚子江から来たということだけではありません。確かに、いま中国は、年間で九〇〇万トンのプラスチックごみを環境に流出させて[16]、世界最大の海洋プラスチックごみの発生源といわれています。ただ、このシミュレーションで解像できる大きさが、せいぜい一〇キロメートル程度であることに注意が必要です。揚子江ほど大きな川であれば十分に表現できますが、小さな川は表現できません。表現できないほど小さな川からも、きっとプラスチックごみは流れ出ているでしょう。実際に、五島列島に漂着していたペットボトルのフタの発生国は、日本と中国、そして韓国で三等分されました[22]。発生源を特定の国や地域に絞り込むことは、合理的ではありません。

海洋ごみの主な発生源は、おそらく私たちが日常生活を送る街中なのでしょう。そうでなければ、多種多様な漂着プラスチックごみを説明できません。そして、実験が示唆する通り、プラスチックごみは川を経て海にやって来ます。街で不用意に捨てられたプラスチックごみは、最初は街中の小さな川に入って、そして大きな川に合流し、最後は海に出ていくのでしょう。街と海は川でつながっているのです。

最近になって、世界の四万本を超える川から流れ出るプラスチックごみの量が見積もられています。[24]この論文によれば、いま世界の川から流れ出る総量は、年間に約二〇〇万トンです。そして、実にその九〇パーセントは、世界のたった一二二本の川から流れ出ているといいます。それらのうち、一〇三本はアジアに集中しています。同じ年に発表された別の論文にいたっては、年間約二〇〇万トンのプラスチックごみの八八〜九五パーセントが、たった一〇本の川から流れ出ていると推算しています。[25]そのうち八本は、やはりアジアの川です。いずれ海洋ごみの発生源はアジアに偏っていて、私たちのいる北西太平洋が、いまもっともプラスチックごみの多い海なのです。

ものを水に流す上流側にいれば、下流で何が起きているか、なかなか想像が及ばないものです。二〇一一年三月一一日に起きた東日本大震災を例にとりましょう。死者と行方不明者は合わせて約二万人に及び、多くの財産が一瞬にして失われた史上稀にみる大災害です。津波で流された家屋や日用品などは太平洋に流れ出て、そのまま数百万トンの漂流物になったといいます。[26]

コラム1 太平洋を越える震災漂流物

ところで、その後この震災漂流物がどうなったかご存じでしょうか。あの津波によって、青森県では長さ一〇～二〇メートルの浮き桟橋四基が太平洋に流されました。これらは北太平洋の海流に乗って東へと漂流を続け、二基が米国西海岸のオレゴン州（二〇一二年六月）とワシントン州（同一二月）に流れ着いたのです。そこで現地の人々が目の当たりにしたものは、浮き桟橋に付着した一〇〇種近くの海洋生物群でした。[27]貝や海藻、ゴカイやフジツボなど、長らく海岸に係留された桟橋には、多くの海岸生物が付着しているものです。あの日、彼らも桟橋とともに津波で流され、太平洋を漂いつつ、世代を替えて生き延びたのです。[28]

これら生物は、現地では馴染みのない日本をはじめ東アジア原産の外来種です。米国やカナダの社会は大騒ぎになりました。みな大津波に飲み込まれていく街をニュース映像で見ているのです。これから膨大な量の外来生物が、震災漂流物と一緒にやって来る。米大陸西海岸の海岸生態系が破壊されるとの危惧があったかもしれません。付着生物が環境中に漏れることのないよう、海岸に漂着した二つの浮き桟橋は早々に解体され、速やかに焼却処分されました。

とにかく、震災漂流物に伴う米大陸西海岸への生物の輸送と定着を調べる必要がありました。そこで、二〇一四年から米国とカナダ、そして日本の研究者が集まった国際共同研究プロジェクトが始まったのです。[26] ライブカメラを用いた研究が評価されて、私たちのグループもプロジェクトに加わりました。カメラの画像を解析して、西海岸に漂流物が着く仕組みを解明すること。これが私たちに与えられた役割でした。

私たち以外にも、海岸生物や海流あるいは漂着物の航空機撮影など、研究プロジェクトには幅広い分野の専門家が参加しました。調査が進むにつれて、震災後の二〇一二年から二〇一三年にかけ、米国西海岸では漂着物が急激に増加したことがわかりました。[29] これら漂着物には、文字情報から震災起源と判定されたものが多く含まれていたのです。漂着しやすい風や海流の条件も絞り込まれていきました。[31] 西海岸で現在までに、二八九種類を超える日本からの外来種が確認されています。[28] それでも、震災漂流物が海岸生態系へ与える影響を結論づけるには、もう少し時間がかかるかもしれません。大震災の被害は太平洋を越えて波及し、いまも研究者は粘り強く監視を続けています。

ところで、私たちが海岸にライブカメラを設置したのは、オレゴン州のニューポートという街でした。細やかな砂の海岸が延々と続く美しいところです。カメラの設置と維持管理のため何度もニューポートを訪問した私たちは、街の集会所で意外なものを見つけました。漂着後に解体処分されたはずの浮き桟橋でした。その一部が保存され、集会所の脇に展示されていたのです。太平洋を渡った桟橋の残骸には、日本語のメッセージが添えられていました（写真1－4）。震災漂流物による外来種の侵入を危惧しつつも、被害を悼み日本に寄せた深い同情は、上流にいる私たちに伝わっているでしょうか。

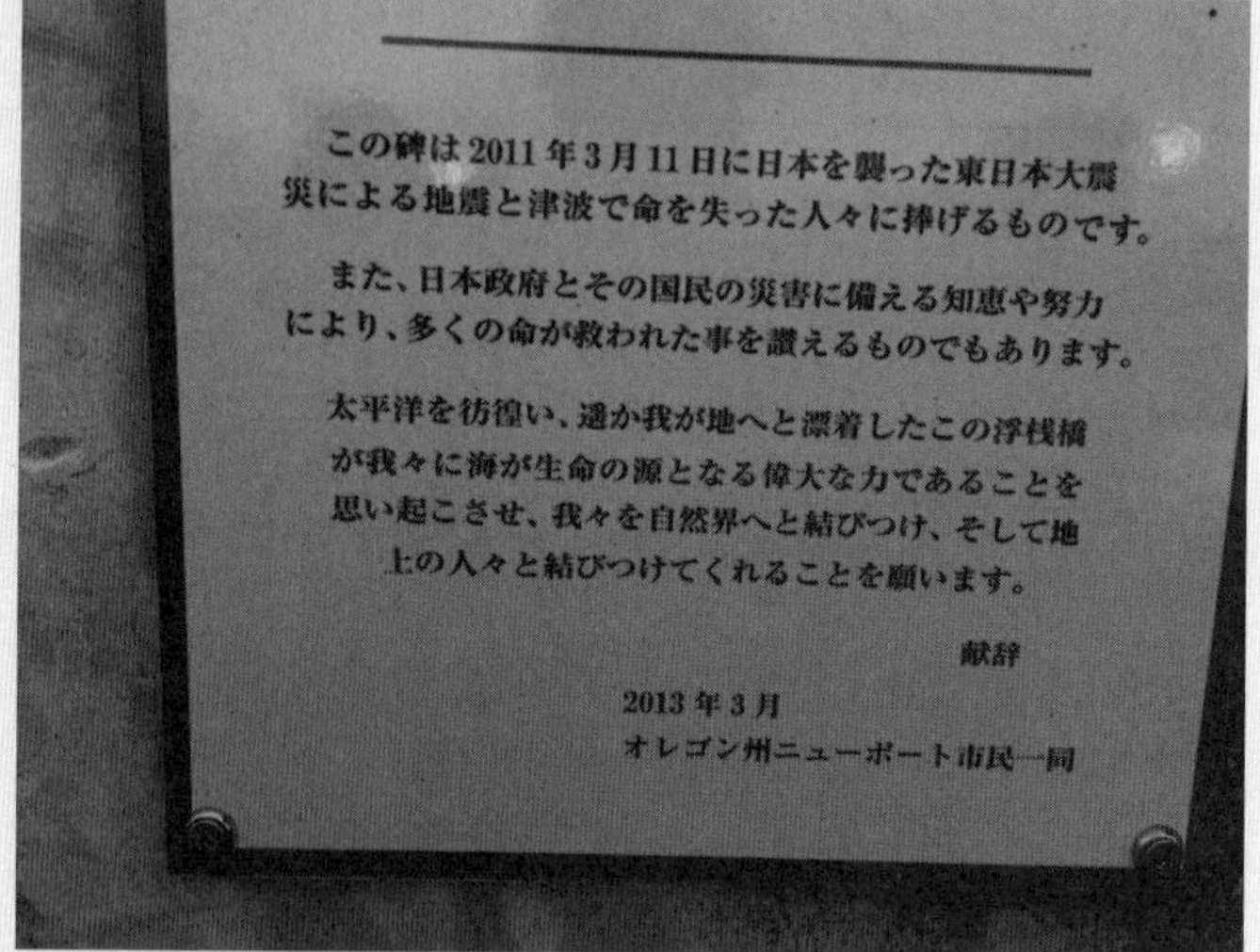

写真 1-4　ニューポートに展示された浮き桟橋の残骸とメッセージ

第二章

プラスチックごみの何が問題か

プラスチックごみによる景観汚染

人気の海水浴場や風光明媚で有名な海岸には、それほど漂着ごみが目立ちません。でもそれは、誰かが片付けているからです。海岸清掃には人手がかかります。規模を大きくし継続的に清掃するなら、それなりの資金も必要でしょう。それでも、海水浴場や景勝地として人気の海岸なら、清掃に要したコストも元が取れます。しかし、残念ながら長い日本の海岸線は、ほとんどが元の取れない海岸なのです。

五島列島に続いて、私たちは石垣島（沖縄県）や佐渡島（新潟県）などで、海岸漂着ごみを調査しました。これまでのような漂着量を計る目的ではなく、この章の最後に述べるように、プラスチックごみに含まれる汚染物質の調査でした。調査のためさまざまな海岸を回るうち、私たちは、同じ島であっても、まったく様子の異なる海岸があることに気づかされたのです。

写真2－1は、どちらも石垣島の写真です。上の写真は、私たちが調査地点に選んだ島の

写真 2-1 石垣島北端の海岸（上）と川平湾（下）。ともに 2011 年 3 月の撮影

北端にある海岸です。市街地から車で一時間以上かかるでしょうか。アクセスの良いところではありません。観光客で賑わうことなく放置された海岸は、写真の通りにペットボトルなどプラスチックごみに覆われています。大気汚染や水質汚染と違って、景観汚染とは耳馴染みのない言葉かもしれません。しかし、美しい島の海岸で悪目立ちする大量のプラスチックごみには、汚染という強い言葉がふさわしいと私は思うのです。実際に、最近では、海岸や海洋に広がるプラスチックごみの問題を総称して、「海洋プラスチック汚染」という言葉が使われています。

　ところで下の写真も、同じ日に石垣島で撮影したものです。著名な観光地である川平湾（かびら）に面した海岸で、市内からのアクセスも良く、いつも大勢の観光客が訪れています。海岸にプラスチックごみはなく、清掃が行き届いている様子が伺えます。川平湾のように清掃活動の元が取れる海岸と、元が取れない海岸は、残酷なほど景観を違えてしまうことが、写真からもわかるでしょう。海岸の二極化といってもいいほどです。もちろん、人のいかない海岸まで美しく保つほど、人やお金に余裕のあるはずがありません。わが国では、観光地など元が取れる一部海岸の景観維持にさえ、年間で三〇億円の資金と多数の人手が必要なのです。

景観汚染だけではない

それでは、海水浴や海岸散策の習慣のない国や地域であれば、あるいはアクセスが悪く人気のない海岸であれば、海岸漂着ごみは気にしなくて良いのでしょうか。街中や家の中であれば、ごみを片付けないことは不衛生で、病気のリスクを生むでしょう。溜まったごみで怪我をするかもしれません。でも、漂着ごみの場合は、海岸にいかなければ、人にとってのリスクとはなりません。

海洋プラスチック汚染のような現代の環境問題を考えるにあたっては、三つの前提が必要です[31]。一つは、地球の広さは無限でないと認識すること。二つめは、次世代に快適な環境を与える責任を果たすこと。そして三つめは、生態系を含む自然のすべてに生存の権利を認めること。

宇宙船地球号という言葉が生まれたのは一九六〇年代のことでした[32]。宇宙船のような有限の空間にごみを捨て続ければ、そのうちにごみが溜まるのは、あたりまえのことです。ましてや自然環境下では、分解に数百年から数千年を要するといわれるプラスチックです[33]。ひとたび外に漏れてしまえば、そのまま地球のどこかに残り続けるでしょう。

ちなみに、ここで使った「分解」とは、細かく砕けるという意味ではありません。生物の死骸のような有機物が、二酸化炭素や他の無機物に変化することを指します。海で死んだ生物は、主にはバクテリアによって分解され、窒素やリンといった無機物に変化します。十分に光を浴びながら、この栄養塩と呼ばれる無機物を食べることで、植物プランクトンは成長します。そして、植物プランクトンは動物プランクトンに食べられ、動物プランクトンは魚に食べられ、いつかは死んでバクテリアに分解され、栄養塩に戻っていく。この循環が回って海洋生態系は維持されています。ところが、分解に長い年月を要するプラスチックは、海洋生態系に組み込まれることがありません。地球という限られた空間の中に、そのまま溜まり続けてしまうのです。

さて、海岸漂着ごみを清掃する理由の一つは、次世代への責任です。いま海水浴や海岸散策に興味がない国や地域であっても、将来にわたってそうとは限らないでしょう。子どもや孫の世代になって、初めて海の楽しさや波打ち際を歩く気持ちの良さに気づくかもしれません。いつの時代になっても、海と空の明るい色や、波の音、そして磯の香りは、すべて一体となって心地よい海の風景をもたらしてくれるでしょう[34]。ただ、そのときになって、海岸に大量のプラスチックごみがあれば台無しです。本来は次世代が楽しめたはずの快適な空間を、いまの世代が奪ってしまったということです。いま私たちが快適な海の風景を楽しんでいるならば、なおさら、これを次世代に引き継がねばなりません。

海岸漂着ごみを清掃する理由の二つめは、地球に暮らす生き物すべてのためです。あるべき生涯を全うする生存の権利は、すべての生き物に認める必要があります。ところが、海洋プラスチックごみは、この大切な権利を奪うと指摘されています。いま海洋プラスチックごみに関わる研究者がもっとも読んでいる論文の一つは、二〇〇二年に発表された総説でしょう（二〇一九年現在で被引用件数一〇二五）[12]。総説とは、それまでに多くの研究者が発表した関連論文を、とりまとめて紹介したものです。この総説は、プラスチックごみの海洋生物に与える影響について、誤食、絡（から）まり、外来生物の輸送、そして汚染物質の輸送を挙げています。海洋プラスチックごみの影響は、景観汚染だけには留まらないのです。ここからは、これら生物への影響について順番に見ていきましょう。

不機嫌な海鳥たち

海鳥は、小さなプラスチックごみや破片をよく誤食します（写真2－2）。ウミガメなど他の海洋生物よりも、プラスチックごみを誤食した個体の発見率が高いとされているのです[35][36]。

すでに一九八〇年代の初頭には、ミッドウェイ環礁で死んだアホウドリの消化管から、一〇

写真 2-2 プラスチックごみを誤飲したアホウドリの幼鳥（ハワイ諸島レイサン島） 写真提供：一般社団法人 JEAN

九個に及ぶプラスチック片が発見されました[37]。ちなみに、そのうち一〇八個の表面には、日本語が書かれていたそうです。

なぜ海鳥はプラスチック片を食べてしまうのでしょうか。海鳥に限らず、海の生物は潮目に集まるものです[38]。潮目というのは、気象の前線と同じ現象です。前線が気温や湿度の異なる空気の境目ならば、潮目は水温や塩分の異なる海水の境目です。潮目を境に水温や塩分（すなわち海水密度）が変わって、重い海水が軽い海水の下に潜り込んでいる場所です。海水が潜り込むとき潮目に向かう海の流れが発生します。この流れに乗って、プランクトンが潮目に集まり、それを食べる魚や海鳥、そしてウミガメなどが集まるといわれています。[38]潮目は海流が集まる場所（収束域といいます）であり、海洋生物が囲む海の食卓なのです。そして、その食卓には海面近くを漂うプラスチックごみも集まって、餌と一緒に誤食されてしまうのでしょう。これに加えて、プラスチックの色が海鳥の興味を引くとされています。[39][40]またプラスチックごみに付着した匂いに寄せられるとの報告もあります。[41]ただ、なぜ海鳥が他の生物より多くのプラスチックごみを飲み込んでしまうのか、確かなことはわかっていません。

海鳥によるプラスチックごみの誤食について、「米国科学アカデミー紀要」に発表された一編の論文が注目を集めています。[42]この論文が発表された二〇一五年八月末に、私はパリのユネスコ本部にいました。海洋プラスチックごみの現地調査やコンピュータ・シミュレーションを行なっている九名の研究者が世界から集められ（当時は世界中から集めても、これだけしかいなかったのです）、研究の現状を総説にまとめるよう要請を受けたのでした。この総説は、会議のメンバー全員が共著者となって、二〇一七年に発表されています。[43]さて、この会議の途中で、オーストラリアのウィルコックス博士やハーディスティ博士、そしてイギリスから来たセビル博士は、何度も席を外さねばなりませんでした。ちょうど海鳥による誤食を扱った彼らの論文が発表された日に当たって、BBCをはじめ報道機関からの問い合わせが殺到していたのです。

まず彼らは、コンピュータ・シミュレーションで、世界の海洋プラスチックごみの分布を求めました。この分布に、過去五〇年間に調査された海鳥の分布や、プラスチックごみの誤食率を組み合わせたユニークな研究でした。これによって、プラスチックごみを誤食する世界中の海鳥の数を推定したのです。過去五〇年の調査によれば、プラスチックごみを誤食する海鳥の種類は、全体の五九パーセントに及びます。そして、誤食する種類だけで調べたところ、二九パーセントの海鳥の胃袋から、実際にプラスチックごみが見つりました。そして論文は、二〇五〇年までに、海鳥全種類の九九パーセントがプラスチックごみを誤食し、そのうち九五パーセントの胃袋から、プラスチックごみが見つかるだろうと予測したのです。つまり、ほぼ世界中の海鳥という海鳥が、体内にプラスチックごみを抱えるというわけです。

プラスチックごみの誤食は海鳥だけではありません。これまでに、ウミガメやクジラ、オットセイなど、さまざまな海洋生物による誤食が報告されています。[36] 誤食による影響として、食欲の減退[44]や体長の低下[45]、消化管の損傷[46]などが挙げられます。レジ袋を餌と間違えて誤食しやすいウミガメは、[47] わずか二・五グラムのプラスチック片でも、消化管に詰まらせて死ぬことがあるそうです。[48] ただし、プラスチックごみの誤食が何らかの悪影響を与えるにせよ、いまのところ、海洋生物の生息数まで減少させたとの証拠はありません。[36] そもそも生息数の正確な見積もりは難しいし、死因は一つではないかもしれません。それでも、世界中の海鳥という海鳥が、体内にプラスチックごみを抱えて、体調を崩し、不機嫌になる未来など避けたいものです。

絡まるプラスチック

ウミガメなど海洋生物は、死んで砂浜に打ち上がることがあります。すると、どこからか研究者がやってきて、死骸を車に積んで運び去っていくかもしれません。死骸を解剖して、消化管にプラスチックごみが詰まっていないか調査するのです。同じ研究所で働く私のような物理系の研究者が、たまたま翌日に同じ車を使った場合は、車中に残る腐敗臭に閉口させられます。信じられないことですが、生物を扱う私の同僚たちは、臭いなど気にならないようなのです。解剖して体内にプラスチックを見つけた研究者たちは、大きな傷など他の死因が見当たらないことを確認して、初めてプラスチックごみの誤食を死因に特定します。[48] プラスチックごみの誤食を研究するのも、なかなか大変です。これに比べて、ナイロンやポリエチレンといったプラスチックのネットや袋が生物に絡まっている様子は、海岸や船から目視で観察できます。これまでに報告された個体数を比べても、誤食が一万三〇〇〇例に対して、絡まりは三万例を超えています[36]。

プラスチックごみが絡まった生物の不自由は容易に想像できます。傷ついて痛いし、喉に絡まれば息苦しいし、泳ぐこともままならず、餌は取りづらいし、敵からは逃げにくいと散々です[36]。プラスチックごみの、自然界で容易に分解しない丈夫な性質は、ここで大きな問題となってきます。ネットや袋など、しっかりと絡みついてしまえば、劣化して細かく破れるまで体から離れないでしょう。もとより自然界では、生き残ることで精一杯なのです。プラスチックを絡めて暮らすハンディキャップは、いささか大きすぎるように思われます。

それでも誤食と同じく、プラスチックごみの絡まりが、生息数にまで波及するかは難しい問題です。実際に、アザラシやオットセイなどヒレアシ類の目視調査では、一つの群れの中でプラスチックが絡んだ個体は一パーセント以下と報告されています[35]（ただし一九九〇年前後の調査が多く、現在では二〜三倍に増えている可能性があります[49]）。また、米国カリフォルニア沖での調査は、プラスチックの絡まりは、ヒレアシ類の生息数に影響を与えるほどではないと結論づけています[50]。ナンキョクオットセイについても、生息数を減らすほどではないとの研究があります[51]。一方で、ハワイモンクアザラシ[49]、キタオットセイ[52]、ナンキョクオッ

写真 2-3　海岸に漂着した漁網（五島列島）

トセイ[53]、そしてオーストラリアオットセイ[54]について、プラスチックごみの絡まりによる生息数の減少を疑う研究者がいます。なにより、人間を含む自然のすべてに、あるべき生涯を全うする権利があります。生息数の減少を防ぐことはもちろん、プラスチックごみの絡まった個体を出さないことが望ましいはずです。

私たちが漂着ごみを調査した五島列島の海岸には、漁網の大きな塊が居座っていました（**写真2－3**）。人力で取り除くには重すぎて、波にさらわれ海に戻ることもありません。現代の漁網はナイロンやポリエステルでつくられていて、これも漂着プラスチックごみです。崖の下にある海岸に、このような大きな漁網を陸から運ぶ手段はなく、船が乗り付ける場所もありません。この漁網は海のどこかで捨てられ、漂流したのち海岸に流れ着いたのでしょう。ナイロンなど化学繊維の比重は海水より重いものです。しかし、漁網には多くのウキが付けられていて、海を漂うことができるのです。

たとえ捨てられても網は網です。海中に広がって漂う間に、魚など多くの海洋生物が絡め取られたことでしょう。網にかかった生物は死んで、しばらくして網から外れ、そして網は次の獲物を狙って、また海をゆらゆらと漂うのです。このように、廃棄された漁具への海洋生物の絡まりを、私たちは「ゴースト・フィッシング」と呼んでいます。ここでも、自然では容易に分解しないプラスチックの丈夫な性質が、大きな問題となっているのです。

ウキが外れて海底に沈んだ網に絡まる海洋生物も多いことでしょう。このような絡まりが人目に触れることはありません。ゴースト・フィッシングの実態はわかりづらいものです。私たちは、漁具に絡まって海岸に打ち上がった生物の死骸を見て、その事実を推し量るしかありません（写真2−4）。まるで、化学汚染物質による環境破壊に初めて警鐘を鳴らしたカーソンが、その名著『沈黙の春』の冒頭においた寓話のようです。[55]「おそろしい妖怪（ゴースト）が、頭上を通りすぎていったのに、気づいた人は、ほとんどだれもいない」。

写真 2-4　漁網に絡まり海岸で死んでいたウミガメ（五島列島）　写真提供：九州大学大学院工学研究院 清野聡子 准教授

プラスチックの船に乗って

次章でくわしく述べますが、二〇一六年の二月ごろ、私はオーストラリアのタスマニア島を出て、太平洋を縦断し、東京にいたる長い航海の船上にいました。洋上を漂うプラスチックごみの大規模な調査です。一ヵ月ほどたって、ようやく小笠原群島周辺にたどり着いた私たちは、船の近くに漂っていた長さ三〇センチメートルほどのプラスチック片を回収しました（**写真2-5**）。小ぶりの貝類や、少し見えにくいですが黒っぽい藻類が付着しています。彼らもまた、プラスチックという船に乗って、大海原を旅していたので

写真 2-5　浮遊プラスチック片に付着した海洋生物（2016 年 2 月小笠原群島西之島周辺で採取）

した。

海に漂うプラスチックは、長い地球史の中で初めて海洋生物に与えられた、腐食分解せず、海面に浮く硬い基盤です。これによって、生物はこれまで考えられなかったほど遠くに移動できる手段を得ました。実際に、貝類やゴカイなどの海岸生物は、数年あれば世代を替えて太平洋を横断することが、震災漂着物の調査から判明しています[28]（コラム1）。海洋プラスチックごみが外来種を拡散させるのは確かなことでしょう。赤道から温帯域にかけて、さまざまな海岸で漂着プラスチックごみを調査したところ、個数比にして最大で五〇パーセント程度に生物の付着が認められたとの報告があります[56]。プラスチックごみによる外来種の拡散は、地球の広い範囲で起きているようです。

海洋プラスチックごみと海洋生態系の関係を示す一つの例を紹介しましょう。昆虫は地上

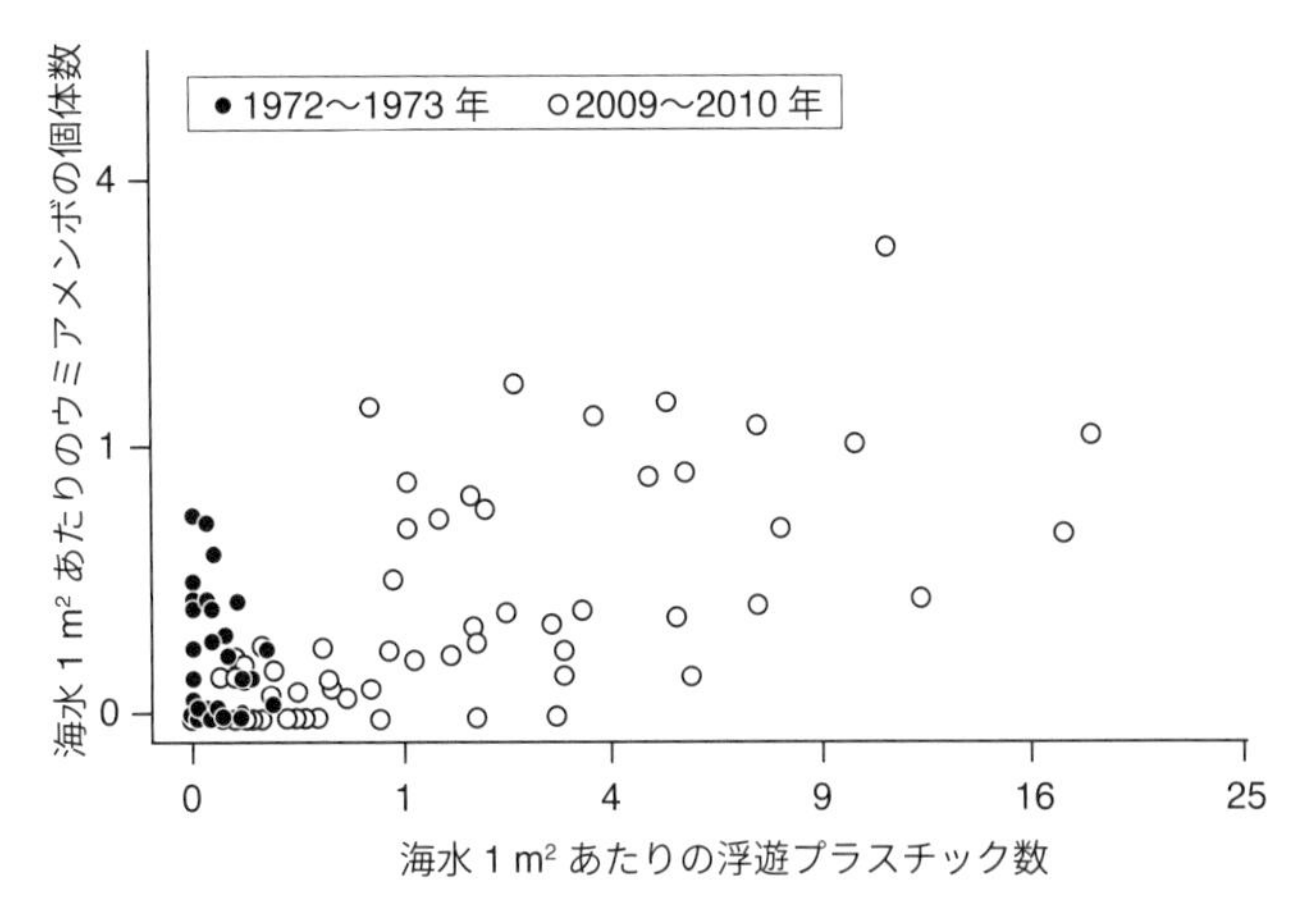

図 2-1　ウミアメンボの個体数と浮遊プラスチック数の関係　Goldstein et al., 2012[58]より作成。

でもっとも繁栄している生物です。しかし、長い進化の過程で、大洋に生育場所を広げることはできませんでした。唯一の例外はアメンボの仲間です[57]。この海のスケーターという英語名を持つウミアメンボと、浮遊するプラスチック片の関係を調べた興味深い研究があります[58]。米国カリフォルニア沖で、船から網を曳いてすくい取ったプラスチック片の浮遊数と、同じ時期や海域で採取したウミアメンボの個体数を比較したものです。それほどプラスチック片が浮いていなかった一九七二年から七三年の調査では、両者に相関は見られませんでした（図2－1黒丸）。ところが、プラスチック片の浮遊数が格段に増えた二〇〇九年から一〇年の調査では、有意に高い相関が確認されたのです（図2－1白丸）。

プラスチック片が増えると、なぜウミアメンボの個体数が増えるのでしょうか。この調査では、プラスチック片に産み付けられたウミアメンボの卵が、数多く確認されています。ウミアメンボにとって、頑丈で海水に浮くプラスチック片は、これまでにない格好の産卵場所になったことでしょう。周囲にプラスチック片が増えて、産卵場所を得たウミアメンボは、個体数を増やしていったのです。このように、プラスチックごみによる海洋生態系への干渉は、すでに始まったと見るべきでしょう。

汚れたプラスチック（一）―汚染物質の付着―

プラスチックに毒性はありません。そうでなければ、これほど人類に使われる素材にはなりません。しかし、海を漂ううちに、海水中に薄く広がった汚染物質を表面に吸着させていきます。プラスチックは石油からつくられるため、油と似た性質を持つ汚染物質が吸着しやすいのです。家庭で使われる食用油を使って、簡単な実験をしてみましょう。ガラスや陶器に食用油を付けてみてください。付いた油は、水ですすぎながら軽く指でこすってやれば、きれいに流れ落ちるはずです。次にプラスチック容器に油を付けてみましょう。油のぬめりは指でこすったくらいでは落ちそうにありません。このように、油はプラスチックになじみやすいのです。

さて、油と似た性質の汚染物質を「残留性有機汚染物質」といいます。よく知られたものにポリ塩化ビフェニルがあります。PCBと書いたほうが、通りが良いかもしれません。絶縁性や耐熱性に優れた化合物で、かつては工業製品に多用されました。しかし、現在では強い毒性（慢性的には生殖障害や発がん性、短期的には皮膚の異常や腹痛など）が確認されて、日本では新たな製造や販売が禁止されています[59]。それでも、これまで環境中に漏れたものが、いまも海水中や海底に溜まっているのです。実際に日本の沿岸では、海水一リットルあたりで数百ピコグラムのPCB濃度が検出されます[60]（ピコは一〇のマイナス一二乗）。これが、たちどころに海洋生物や人体に影響を与えるということはありません。ただし、海水中に漂うプラスチックごみの表面には、せっかく薄く広がった汚染物質が吸着を続け、蓄積していくのです（くわしくは第四章）。プラスチック容器にまとわり付く油のようなものです。

海を漂う小さなプラスチックごみや破片には、このような汚染物質が吸着します。そして、海鳥やウミガメなどは、この汚れたプラスチックを誤食するのです。プラスチックごみに乗って体内に入った汚染物質は、体内の油分に溶けて、そのまま留まることが予想されます。

では、実際に海洋生物は、プラスチックごみを誤食することで、汚染物質を体内に取り込んでしまうのでしょうか。海で操業中の流し網漁船には、漁獲のおこぼれにあずかろうと海鳥が群がります。しかしなかには、船に近寄りすぎて網に絡まり、そのまま死んでしまうものもいて、これを混獲と呼んでいます。混獲で採取された海鳥を利用した山下麗博士（現東京大学大気海洋研究所）の研究を紹介しましょう。[61] ベーリング海での調査船の試験操業中に、九九羽のハシボソミズナギドリが混獲され、それぞれの体内から平均して〇・二三グラムのプラスチック片が発見されました。そして、それぞれの個体で、誤食したプラスチック片の重量と、体内の脂肪に蓄積したPCBの濃度を比較しました。すると、プラスチックに付着しやすいある種のPCB（二〇九の同族異性体と呼ばれる種類があります）に、有意な相関が検出されたのです。プラスチックごみが、海鳥体内にPCBを運んだのでしょうか。

　これで十分な証拠のようにも思われます。しかし、総じて研究者は慎重なもので、山下博士も例外ではありませんでした。博士は、並行して飼育実験にも取り掛かりました。[62] 伊豆諸島の御蔵島（みくら）に渡って、ここに生息するオオミズナギドリを使った六週間に及ぶ実験でした。九羽を巣箱で飼育し、うち四羽には通常の餌を、残りにはプラスチック片入りの餌を与えました。ここで使ったプラスチック片は、プラスチック製品の中間材料であるレジンペレットです（写真2－6）。本来は工場の外に出るものではありません。しかし、工程や輸送のどこかで漏れるのでしょう。いまでは世界中の海岸で見つけることができます。黄色く変色したものほど、多くのPCBが吸着していることは、これまでの研究でわかっていました[63]。山下博士は、黄変したレジンペレットを選んで餌に混ぜ、海鳥に与え続けたのです。

交通の便も悪い離島で人知れず行なわれた実験でしたが、結果は注目すべきものでした。プラスチックを与えなかったグループに比べて、与えたグループの体内には明らかに多くのPCBが蓄積していったのです。それもベーリング海のハシボソミズナギドリから見つかったものと、よく似た同族異性体でした。海鳥がプラスチック片を誤食する事実と、体内から見つかるプラスチック片とPCBの有意な相関、そしてプラスチック片を与えた海鳥へのPCBの蓄積は、ここにすべてが結びつきました。海を漂って誤食されるプラスチッ

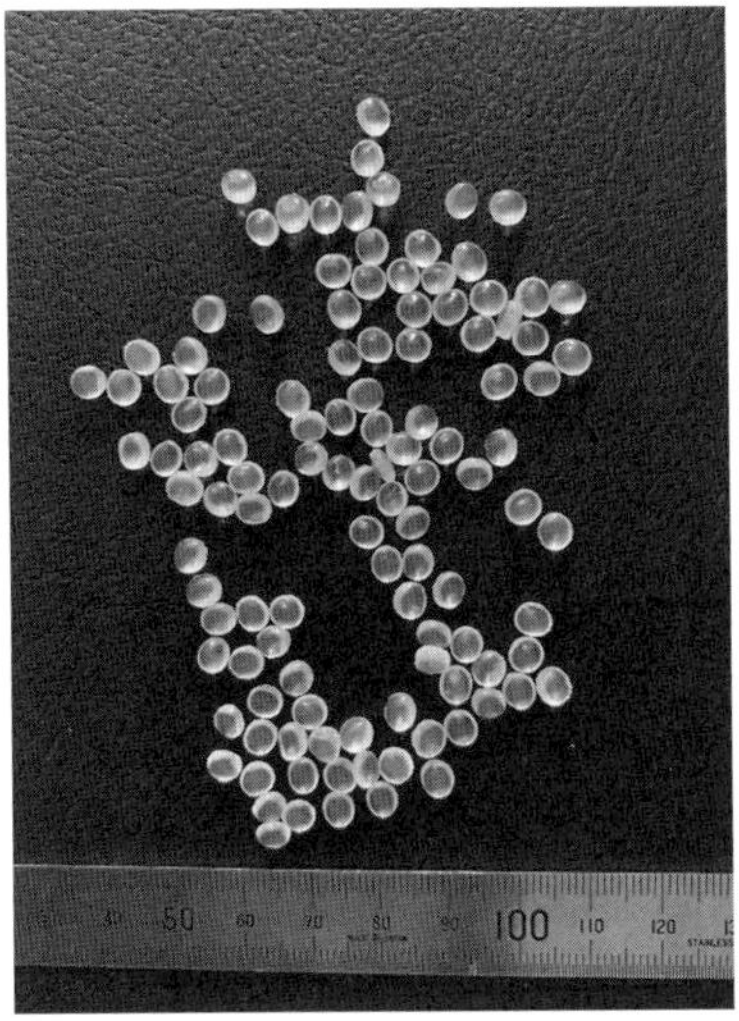

写真 2-6　レジンペレット

クごみは、確かに海洋生物の体内に汚染物質を運んでいたのです。

汚れたプラスチック（二）—添加物—

プラスチックには、劣化防止や着色などの目的でさまざまな化合物が添加されます。難燃剤に用いるポリ臭化ジフェニルエーテルなど有機化合物や、着色料などに用いる硫化カドミウムのような無機化合物（金属）です。これら化合物は人体に有害です。それでも、日常で使うプラスチック製品に含まれる量はわずかで、健康被害をもたらすことはありません。

たとえば、水道パイプや包装材あるいは建築材など幅広い用途に利用されるポリ塩化ビニル（塩ビ）には、無機化合物のステアリン酸鉛が安定剤として添加されることがあります。もっとも、現在の日本では、プラスチック製品への鉛化合物の添加は避けられるようです。なんといっても、鉛は人体に蓄積すれば中毒を引き起こす金属です。わずかながらでも添加することに抵抗感が強いのでしょう。しかし、国境を越えれば社会心理や規制は異なります。そして、プラスチックごみは海流と風に乗って、容易に国境を越えるものです。

海岸には大量のプラスチックごみが漂着しています。これに含まれる添加物が、土壌や海岸生物を汚染することがあるのでしょうか。そもそも海洋プラスチックごみは、添加された汚染物質を、国境を越えて運ぶものでしょうか。

海岸でのごみ漂着量を調査していた私たちの研究グループは、続いて漂着物に含まれる添加物の調査に取り掛かりました。そのころ、プラスチックごみに添加された有機化合物については、すでに優れた研究成果が報告されていました[64]。そこで私たちは、無機化合物（金属）に焦点を絞ることにしたのです[65]。

物質に含まれる金属元素の検出には、蛍光エックス線分析計を用います。これを購入した私たちは、さっそく石垣島と五島列島、そして佐渡島に渡り、海岸に落ちているプラスチックごみを手当たり次第に袋詰めにして、分析計を置いた研究室に送りました。島の宅配業者さんは、定期的にやって来ては、袋に詰めた大量のプラスチックごみ（私たちはサンプルと呼んでいました）を配送する集団を、きっと奇妙に思ったことでしょう。

分析したプラスチックごみは一〇〇〇個近くになりました。そして、ある特定のプラスチックごみに、大量の鉛が含まれることを見つけたのです。それは長さが一〇センチメートルほどの塩ビのウキでした。日向博士と片岡博士が新島の実験で観察対象とした、あの小型で青色のウキです（口絵②）。もともと漁網に大量に取り付けられるものです。多くが海上で廃棄された網に付いたまま漂着するのでしょう。表面には製造場所とおぼしき中国の地名が書かれています。どうやら塩ビに安定剤として添加したステアリン酸鉛のようでした。ウキによっては、鉛含有量が一キログラムあたり一〇グラムを超えるものさえありました。EUが定めた電子製品に含まれる有害金属の基準値（RoHS指令）[66]が、プラスチック製品の鉛含有量にも適用されることが多いようです[67][68]。その基準値とは、一キログラムあたり一グラムです。海岸に漂着する青色の小型ウキには、文字通り、桁違いに多い鉛が含まれていたのです。

さて、海岸に鉛含有量の多い塩ビ製の小型ウキがあったからといって、ただちに海岸汚染をもたらすわけではありません。このままでは、鉛はウキに閉じ込められて、海岸生物や土壌が、鉛にさらされることにはなりません。たとえば雨が降ってウキが水に浸り、鉛が外に出るといった過程（溶出といいます）が必要です。

私たちは海岸で拾った同型の小型ウキを使って、溶出実験を行ないました。ウキを蒸留水で満たしたビンに入れ、ビンを軽く振動させたまま、五日間にわたって放置しました（写真2-7）。そして徐々に水に溶け出す鉛を、誘導結合質量分析計で毎日計測し続けたのです。最初はゼロだった蒸留水中の鉛濃度が、実験を始めて五日目には、一リットル中で最大五〇マイクログラムにまで上昇しました。確かに、海岸に散乱する小型ウキからは、周囲に鉛が漏れていくようです。

では、ウキから溶出する鉛は、土壌を汚染し、海岸生物に影響を与えるほどの量なのでしょうか。どうやら、しばらくは安心して良さそうです。口絵①にある五島列島の海岸漂着ごみには、重量比三パーセント程度で塩ビ製の小型ウキがあると推算されました。そして、これら小型ウキは、海岸土壌一キログラムあたりに含まれる鉛含有量を、年間で一ミリグラム増加させると見積もられました。土壌に含まれる鉛の環境基準は、一キログラムあたり二五〇ミリグラム（米国環境保護庁[65]）ですから、単純計算しても、小型ウキで海岸土壌が汚染されるまで二五〇年かかります。数トンの漂着ごみが溜まった海岸ですら、これだけの年月がかかります。普通の海岸でただちに汚染が進行するとは考えられません。それでも、漂着ごみの量が一〇倍になれば、汚染にいたる年月は一〇分の一に短縮されます。漂着プラスチッ

写真 2-7　塩ビ製の青色ウキを使った溶出実験

クごみの量を継続的に監視することが必要でしょう。

まだ、解決しなければならない問題が残っています。海岸に放置された小型ウキからは、鉛が溶出することがわかりました。でも、そもそもウキは長く海を漂流したものです。どうして、漂流中に周囲の海水へ鉛を出し切ってしまわなかったのでしょう。どうして、海岸に散乱する小型ウキには、多くの鉛が残っていたのでしょう。

私たちは、小型ウキを用いた溶出実験を続けました(69)。今度は中国で買い付けた新品のウキを用いることにしました。つまり、小型ウキを購入した漁業者が、初めて海で使うところから再現したわけです。同じ研究所の中国人の同僚が買い付けを引き受けてくれました。漁業者が一〇〇〇個単位で買う小型ウキをわずか三〇個ばかり買って、いったい何に使うのかと、お店でしつこく聞かれたと苦笑いしていたものです。

蒸留水に漬け込んだ新品の小型ウキからは、やはり鉛が溶出を始めました。いったん取り出して蒸留水を交換し、さらに五日間の溶出実験を行ないました。これを全部で四回、すなわち二〇日間にわたって繰り返したのです。すると、回を重ねるごとに鉛の溶出量が激減し、四回目には一回目の三パーセント程度の鉛しか出てこなくなったのです。小型ウキから鉛は出尽くしたのでしょうか。海岸に漂着した小型ウキは、波にもまれ砂と擦(こす)れて細かな傷が付きます。そこで、四回の実験を終えた小型ウキに、ヤスリで軽く傷を付けたところ、ふたたび鉛の溶出が元の通りに始まったのでした。

次のようなシナリオが考えられます。小型ウキが海を漂流する間に、ウキの中にある鉛は周囲の海水に溶出を始めます。ただ、溶出が続くうち、鉛の抜けたプラスチックの表面が、まるで殻のようにウキを覆って、それ以上は内部からの鉛の溶出を防ぐのです。実験で溶出した鉛の総重量と、もともとウキに含まれる鉛の重量から判断して、殻の厚さは二・五マイクロメートルと見積もられました。海岸で付く傷の深さがこれを超えれば、その傷から内部の鉛が新たに溶出を始めるというわけです。

海洋プラスチックごみは、まるでトロイの木馬のようです。内部に有害な添加物を抱え込み、硬い殻で守って遠くに運び入れ、そして海岸で殻を破って外に出すのです。私たちの研究成果を受けた環境省では、この塩ビ製で青色の小型ウキを「特定漁具（浮子）」と呼んで、平成二三年度より全国で漂着状況の調査を続けています。[70] いまでも鹿児島県や沖縄県を中心に漂着は続き、最近の五年間では、年間に五万個から八万個の漂着が確認されているようです。

コラム2

研究成果を市民に伝えること

これまで海洋物理学の研究をしてきた私のテーマは、揚子江から海に出た川の水は、その後どこにいくのかとか[71]、そもそも川の水は海をどう広がっていくのかとか（非線形性や非定常性が強く、なかなか面白い問題なのです）[72]、植物プランクトンの増殖は海の色を変えて、海水の熱吸収率が変わって、水温分布が変わって、これは気象現象にどう波及するかとか[73]、なんだか浮世離れしていたと思います。現代の研究者には、研究成果を学界だけではなく、市民に説明することが求められます（社会連携といいます）。ただ、そもそも川の水の行方を知りたがる人なんて海洋学者以外にいるのかなあと、あまり私は社会連携に気乗りしませんでした。船に乗って、計算して、論文を書く楽しい時間を優先したかったのです。

海洋プラスチックごみをテーマに加えたとき、私は初めて社会連携を意識しました。なんといってもプラスチックを使っているのは市民なのです。研究成果を多くの方に知ってもらいたい。自分たちの使うプラスチックの行く末を見届けて欲しい。

研究成果とは論文のことです。海洋学を含む理工学の論文は英語で書くものです。日本人しか読まない日本語では、普遍性があるべき理工学の情報発信にならないからです。そして、英語で書かれた数式だらけの文章など、市民が読むことはありません。海洋プラスチックごみの研究を始めたころ、私には市民に研究成果を届ける方法がありませんでした。

そこで私は、「海ごみサイエンスカフェ」と名づけた市民集会を企画し、最新の研究成果をわかりやすく紹介する試みを始めました。企画と運営にあたっては、市民とともに海岸漂着ごみの清掃や調査に長年取り組んできた非営利団体JEANの金子博さんや小島あずささんに助けを求めました。これに清野聡子博士（現 九州大学准教授）はじめ研究仲間が加わって、北は青森から南は西表島まで、期間は二〇一〇年から三年ほどでしたが、合わせて二二箇所で海ごみサイエンスカフェを開催したのです。漂着したプラスチックごみを目の当たりにしている地域の方々は、とても熱心に私の話を聞いてくださいました。ただ、集会を事前に告知すれば、この問題に関心のある方しか来ないものです。そこで、大型スーパーの一角に私一人が立って、買い物を急ぐ人々に海洋プラスチックごみの現状を訴える企画も行ないました（写真2-8）。残念ながら、ほとんど足を止める人はなく、この問題への関心は薄いと当時は痛感させられたものです。もちろん、私の語り口がまずかったこともありますが。

写真 2-8　大型スーパーの一角で行なった海洋プラスチックごみの話。スーパー側が集めてくれた子どもたちには熱心に聴いてもらった。

さて、多くの方々に研究成果を届けるにあたって、当時もいまも、私には守っているルールが一つあります。

研究者の書いた論文が、そのまま国際学術誌に掲載されることはありません。投稿論文を受け取った学術誌は、論文ごとに査読者といわれる数名の匿名審査員をあて、投稿論文の妥当性や重要性の評価を依頼します。査読者は、学術誌に依頼された研究者が無償で務めるもので、私も年間で一〇回から二〇回ほど引き受けています。査読者の評価の結果、ほとんどの論文は著者に差し戻され、査読者の要求する修正が加えられていきます。この過程で多くの論文が掲載を拒否され、また掲載が認められるまで短くて二から三カ月、長ければ一年以上かかることも珍しくありません。この査読システムによって、学術論文は品質を保証されているのです。

私の自らに課したルールは、この査読をパスして論文に書いたこと以外は、市民に届けるべきではないということです。研究者によっては、場の盛り上がりに浮き足立って、論文に書いていないことを、つい言ったり書いたりするかもしれません。しかし、査読論文に記載された、つまり学界の品質保証を得た話以外を、市民に届けるべきではありません。論文にアクセスしない市民は、研究者の話の是非を判断する材料を持ちません。これでは、欠陥商品を騙(だま)して売りつけるようなものです。わずかな成果を膨らませて、可能性が否定できない、などと話すべきではありません。完全に否定できる可能性などありませんから、これでは、なんだって言えてしまいます。もちろん、この本を書くに当たっても、このルールは踏襲されています。

第三章

漂流するマイクロプラスチック

マイクロプラスチックとは何か

海岸に漂着したプラスチックごみは、紫外線にさらされ、酸素や水に触れて、次第に劣化していきます。そのまま海岸に放置されることで、半年も経てば引っ張り強度が半減するようです[18]。そして、おそらく海岸で波にもまれ、砂と擦れて、微細なプラスチック片に砕けていくのでしょう（微細片化）。一方で、海水中のプラスチックは、表面を覆う藻など生物の膜で紫外線から守られます。酸化も抑えられて、またプラスチックの伸縮を通して劣化を促す寒暖差も、陸上に比べて海水中では小さいものです[18]。これらを考えれば、プラスチックごみの劣化や、その後の微細片化は、漂流中ではなく、主には漂着後に海岸で進行すると思われますが、確かなことはわかっていません。

どれほどの時間をかけて微細片化が進行するのか、プラスチックは、どこまで細かく砕けていくのか。これらの疑問についても、いまのところ誰も答えてくれません。これほど日常にあふれたプラスチックなのです。それが、ひとたび屋外に捨てられたら、その後どうなってしまうのか、よくわかっていないとは奇妙に聞こえるかもしれません。ただ、プラスチックの専門家（高分子化学）は、プラスチックごみが自然でどこまで細かくなるかなんて、これまで社会の需要がなかったと反論したいところでしょう。なんといっても工学は、社会の需要あっての研究分野です。

とにかく、半年ほど海岸にプラスチックを放置すれば、強度が落ちて微細片化が始まるようです。ここで、日向博士や片岡博士が新島で行なった海岸実験を思い出してください。微細片化が始まるまでの半年という期間は、彼らが実験で明らかにした、プラスチックごみが海岸に留まる期間と同じなのです。十分に劣化するまでプラスチックごみを海岸に放置するとは、なんとも自然の摂理の意地が悪いことです。

私たちは、微細片化が進行して、長さが数センチメートルを下回ったプラスチックごみを、「メソプラスチック」と呼んでいます。五ミリメートルを下回れば、「マイクロプラスチック」と名前が変わります[18][74]（**写真3-1、口絵④**）。この場合のマイクロとは、マイクロフィルムやマイクロチップのマイクロと同じく、「小さな」という意味です。

マイクロプラスチックは、海岸で砕けたものだけではありません。海でマイクロプラスチックを採取すると、自然には絶対できないような球形のプラスチック粒が、不定形のプラスチック片に混じって出てきます（写真3－1左下）。これはマイクロビーズとも呼ばれ[75]、製品の中に人為的に混ぜ込まれたものです。たとえば、日本では二〇一六年から化粧品メーカーによる自主規制が進んでいますが、それまで数百マイクロメートル程度のポリエチレン粉末が、皮脂を吸い取るスクラブとして洗顔剤に入っていました。洗顔後に排水口から下水処理を通り抜け、海に流れることもあったでしょう。日本の内湾で調査したところ、同程度の大きさのマイクロプラスチックのうち、個数比で一〇パーセント程度が球形のマイクロビーズだった海域もありました[76]。決して無視できる量ではありません。

本来は屋内で使うべき発泡スチロールを屋外で使えば、いずれ砕けて小さな粒となり、環境中に広がっていきます。化学繊維の切れ端や、シート状のマイクロプラスチックを見つけることもできます（写真3－1）。日常生活から出たプラスチックごみが、川を通って海に流され、そしてマイクロプラスチックに変化します。形状に見られる多様性は、もとのプラスチックごみの多様な種類を反映するのでしょう。ただし、マイクロプラスチックになってしまえば、人工芝など色や形に特徴がある一部を除いて、ほとんど元製品の判別は不可能です。

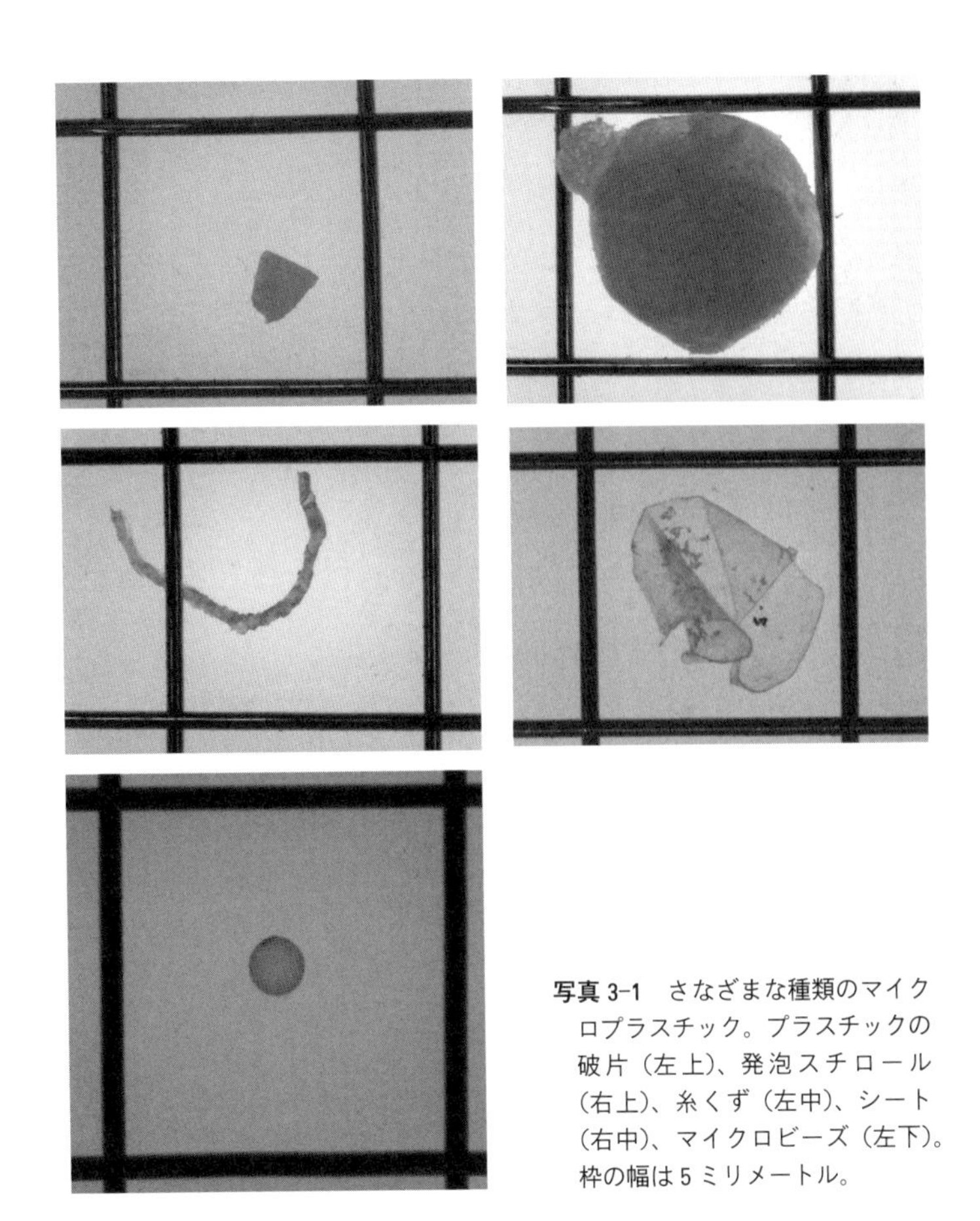

写真 3-1　さなざまな種類のマイクロプラスチック。プラスチックの破片（左上)、発泡スチロール（右上)、糸くず（左中)、シート（右中)、マイクロビーズ（左下)。枠の幅は5ミリメートル。

マイクロプラスチックの発見

英雄的研究者が世紀の大発見をして、触発された大勢の研究者があとに続く。そんな研究テーマなど滅多にありません。そんな単純な構図ばかりでは、きっと科学は退屈でしょう。ときに重要な発見はひっそりと行なわれ、それに目に留めた研究者が少しずつ増え、いつの間にか大きな潮流となる。マイクロプラスチックは、そんな研究テーマでした。

海に浮かぶマイクロプラスチックが初めて報告されたのは、一九七二年のことです[77]。米国東海岸沖の調査で、平均して一平方キロメートルあたりに三五三七粒のマイクロプラスチックが発見されたのです（この論文では単にプラスチック粒と呼んでいます）。あの有名な「サイエンス」誌に掲載されていますから、決して、ひっそりとした発表ではありません。しかし、小さなプラスチック片に目を留める研究者は、その後も多くはなかったのです。せいぜい年間に一編から二編程度の関連論文が出る状況が、二〇〇〇年を過ぎるころまで続いたでしょうか[78]。

それでも、マイクロプラスチックに注目した論文は、二〇〇〇年以降になって徐々に増えだしました。二〇〇一年の調査では、北太平洋のカリフォルニア沖で、動物プランクトンに匹敵するほどの、浮遊マイクロプラスチックの個数や重量が報告されました[79][80]。二〇〇四年の論文は、イギリス諸島周辺の北大西洋で、糸状のマイクロプラスチックが年々増加していることを明らかにしています[81]。研究者が増えた背景は、このころからマイクロプラスチックが海に目立ち始めたということかもしれません。海岸でマイクロプラスチックの多さに驚いた研究者が、二〇〇九年に発表した論文のタイトルは、ビートルズの曲名からとられて、「ヒア・ゼア・アンド・エブリウェア（ここにも、そこにも、そしてどこにでも）[82]」。ただ、ここに挙げた三つの論文には、いずれもマイクロプラスチックという言葉は出てきません。「プラスチック粒」や「小さなプラスチック片」、あるいは「微視的プラスチックごみ」など、呼び方はさまざまでした。マイクロプラスチックという言葉が定着したのは二〇一〇年代以降でしょう[18][74]。

私たちの研究グループが、海に浮かぶマイクロプラスチックの調査を始めたのは、二〇一〇年前後のことです。最初は長崎県五島列島（二〇〇九年）で予備的な調査を行ない、そして二〇一〇年から本格的な調査を瀬戸内海で始めたのでした。世界的に見ても、このころからマイクロプラスチックの研究者が増えたのだと思います。私たちが調査を始めたころは、まだ関連する論文は、世界で年間に数編が出る程度でした。海で浮遊物を集める網を曳きながら、こんな調査をやっているのは、いま世界でも私たちくらいだろうと思ったものです。

ところが、データを整理して、初めてマイクロプラスチックに関する論文を発表した二〇一四年ごろ、関連論文の発表されるペースは、週に一編程度にまで跳ね上がっていました。世界中から一気にライバルが現れたというわけです。その後も研究者は増え続け、現在では年間に一〇〇〇編を超える関連論文が発表されています（論文数は学術論文のデータベースでキーワード検索したもの）。[83]

マイクロプラスチックの調査

ここで、海に漂うマイクロプラスチックの調査（採取と分析）方法を紹介しましょう。マイクロプラスチックは、これまで注目されることの少なかった海洋汚染物質です。そのため、二〇一〇年あたりまでは、異なる研究者や研究機関の間で、ときとして採取や分析の方法が統一されていませんでした。これでは、マイクロプラスチックの浮遊数を、海域ごとに比較することができません。ある海で採取したマイクロプラスチックの数が、別の研究者が遠く離れた海で採取した数より多かったとしましょう。でも、同じ方法で採取していなければ、浮遊数の差が本当に海域による差なのか、採取の方法が上手だったからなのか区別がつかないのです。研究者の間で調査方法を揃えることは、マイクロプラスチックに限らず、自然科学における基本中の基本です。

最近になって、マイクロプラスチックの調査方法について、複数の良いガイドライン（調査指針）が、インターネットで配信されています。[84]〜[86] 二〇一七年に、日本の環境省は世界から二二名の研究者を招聘（しょうへい）して、ガイドラインの取りまとめを依頼しました。この英語で書かれたガイドラインは、二〇一九年に環境省のウェブサイトで公表され、誰でもダウンロードすることができます。[87] 日本から世界に向けて配信されている、マイクロプラスチックの優れた調査指針の一つです。

いま世界でもっとも広く行なわれているマイクロプラスチックの調査は、海面近くの曳網採取です。平たくいえば、海面近くに浮遊するものを、網ですくい取るやり方です。動物プランクトンの採取方法がお手本です。網はニューストン・ネットやマンタ・ネットと呼ばれて、海面近くの浮遊生物を捕獲するため開発されたものです。この網を船で横向きに引っ張って、海面近くの浮遊物を、文字通り一網打尽ですくい取るわけです（口絵⑤）。網を船上に上げたのち、マイクロプラスチックやプランクトンあるいは海草など、網に付着する浮遊物をすべて海水で洗い出し、海水ごと容器に詰めて研究室に持ち帰ります。

さて、ここからが大変です。いまのところ、さまざまな浮遊物が混じる海水から、プラス

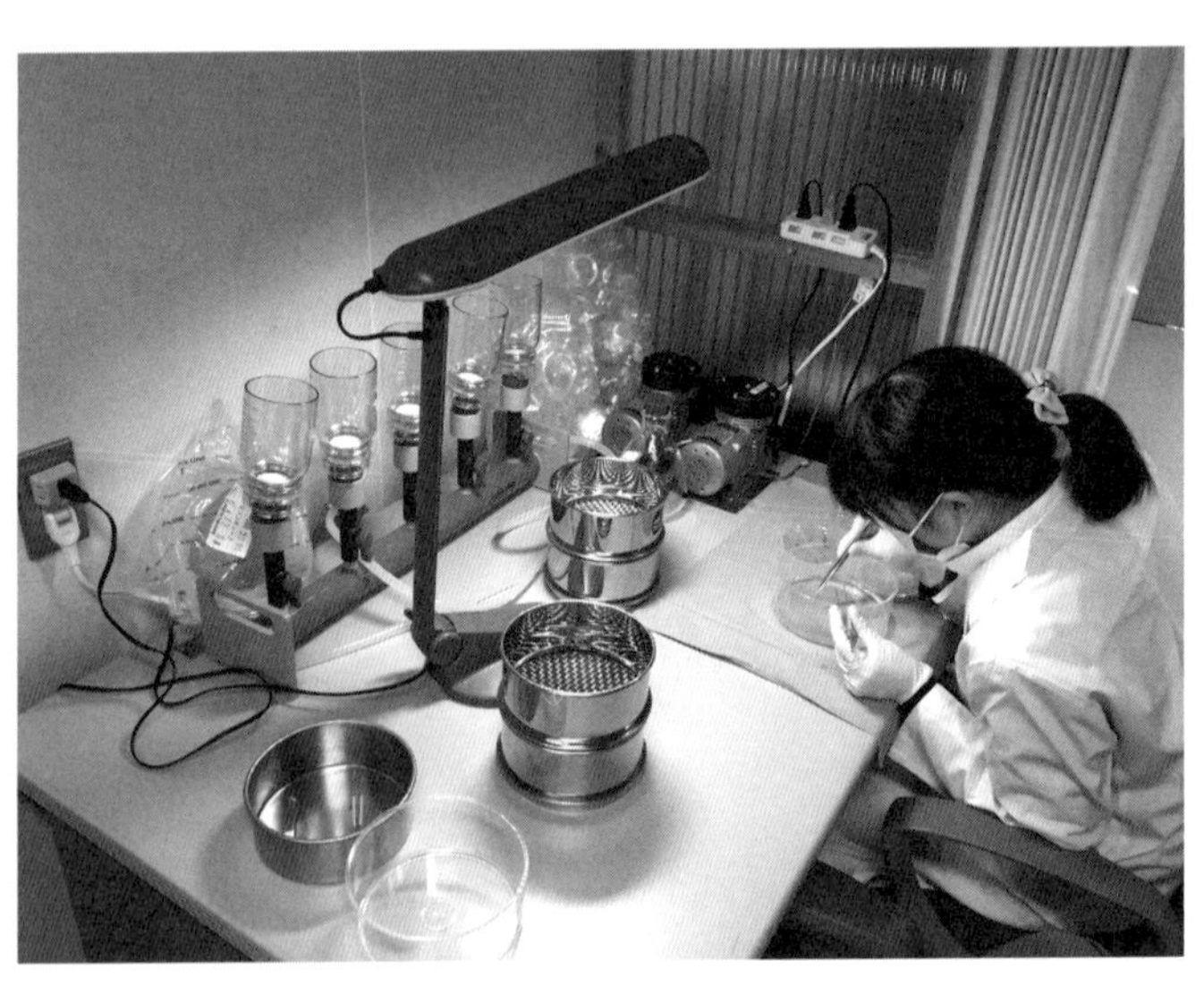

写真 3-2　マイクロプラスチックの取り出し作業

チックだけを自動的に抽出する技術は確立されていません。何か薬品を入れたり、特殊なセンサーを使ったりして、プラスチックの量を測ることができないのです。そこで、ピンセットを使って、手作業でマイクロプラスチックを取り出します（写真3－2）。小さなプラスチック片は一ミリメートルを下回ります。細心の注意と根気が必要です。すべて取り出したと思っても、まだ残った海水中には、肉眼では見えないマイクロプラスチックが混じっているかもしれません。そこで、残った海水を圧縮空気でフィルターに吹き付けて、フィルターに残ったプラスチックらしき微粒子を、拡大鏡で観察しつ

写真3-3　フーリエ変換赤外分光光度計

つ、やはり手作業で取り出していきます。

よほど小さな粒は、生物や鉱物の破片なのか、プラスチックか、肉眼では判断できません。そこで、フーリエ変換赤外分光光度計という分析機器を使って、素材判定を行ないます（**写真3－3**）。これによって、ポリエチレンやポリプロピレンといったプラスチックと判定されれば、一粒ずつの写真を撮影して、画像処理ソフトでサイズ（ここでは、最大長さをいいます）を測って、やっと分析は完了です。

いま私たちの研究室では、三名の専任スタッフを置いて、このような手順でマイクロプラスチックの分析を行なっています。二〇二〇年現在まで研究室で分析したマイクロプラスチックの数は、一七万粒を超えました。これらの写真や記録は、いまやマイクロプラスチックに関する世界最大級のデータバンクです。

マイクロプラスチック調査の限界

さて、このような採取や分析の方法であれば、私たちが調査できるマイクロプラスチックには、限界があることに注意が必要です。

まず、海面近くで網を曳くわけですから、採取できるマイクロプラスチックは、海面から深さ一メートル程度の範囲に浮くものだけです。海を漂流するマイクロプラスチックの素材は、海水よりも比重の小さなポリエチレンやポリプロピレンが大半を占めます[88]。ほとんどは深さ一メートルまでの海面近くに漂うとの報告があります[89]。しかしそもそも、深さが一〇メートルや一〇〇メートルを漂うマイクロプラスチックの採取技術など、いまのところ確立していません。マイクロプラスチックの採取が海面近くの曳網で十分なのか、まだ誰も答えることができません。

もう一つ重要な制限はサイズです。いま世界のほとんどの研究者が使う網は、目あいが約〇・三ミリメートルです。これは、動物プランクトンなど浮遊生物を採取するニューストン・ネットやマンタ・ネットの規格によります。つまり、採取できるマイクロプラスチックのサイズは、〇・三ミリメートルが下限なのです。もちろん、目あいの細かな網を使えば、〇・三ミリメートルより細かなマイクロプラスチックが採取できるでしょう。しかし、研究室での取り出し作業や、分析機によるプラスチック判定作業でも、このあたりが取り扱えるサイズの下限です。実際の海では、数十マイクロメートル以下（一ミリメートルは一〇〇〇マイクロメートル）のマイクロプラスチックが採取された例があります。[90][91] しかし、こんな小さなマイクロプラスチックが、どれほどの量で海に浮かんでいるのか、いまのところ、よくわかっていません。数十マイクロメートルより小さなマイクロプラスチックも、海に漂っているかもしれません。

海面近くに浮くマイクロプラスチック以外に、海底の泥や、魚など海洋生物の体内からマイクロプラスチックを検出する研究者も大勢います。プラスチック生産量の半分程度は、海水よりも比重の大きな素材です。[13] これら重いプラスチックごみも、いつか砕けてマイクロプラスチックになるはずです。重いため海を遠くまで漂うことはできませんが、海底[92]や生物[93]〜[95]の体内で見つかることは、決して珍しくありません。ただ、海面近くで網を曳けば一度に数百トンの海水を調査できますが、これほど海底泥や生物を大量に採取することは不可能でしょう。採取できるマイクロプラスチックの量は限られてしまいます。そのため、どれほどのマイクロプラスチックが、海底や海洋生態系に含まれるのか、実態はよくわかりません。

さて、海や海底あるいは生物体内のマイクロプラスチック調査は、海に船で出かけ、高価な機材や設備を使うため、周囲に環境の整った研究者でなければ難しいものです。しかし、海岸で砂に混じるマイクロプラスチックであれば、学校教育や市民調査で、採取と分析が可能です。これについては、第五章のコラムで述べたいと思います。

マイクロプラスチックをつくる海の仕組み

海は、劣化したプラスチックごみから、効率良くマイクロプラスチックをつくる仕組みを持っています。私たちがこの仕組みに気づいたのは、瀬戸内海でマイクロプラスチックの曳網採取を始めて間もなくでした。

二〇一〇年から海の穏やかな夏を中心に、私たちは、燧灘(ひうちなだ)や伊予灘、あるいは豊後(ぶんご)水道といった西部瀬戸内海に船を出して、浮遊マイクロプラスチックの調査を始めました。二年目の夏が過ぎたころ、データを整理していた学生からの報告が、私たちの興味を引きました。

岸から離れて沖にいくほど、マイクロプラスチックのサイズが小さくなるというのです。そもそもマイクロプラスチックとは、大きなプラスチックごみが次第に砕けてできるものです。沖ほどサイズが小さくなる特徴は、海でマイクロプラスチックがつくられていく仕組みに関係するのではないか。そうにらんだ私たちは、翌年の夏には岸近くや沖に曳網場所を増やして、もっと多くのデータを集めることにしました。

まだ十分に砕けていない大きめのプラスチック片が、川から海に流れ出ることもあります。ただ、大きな河口近くで採ったデータを省いてみても、やはり間違いありませんでした（**口絵⑥**）。口絵⑥の横軸は、採取場所から一番近い岸までの距離です。縦軸は採取したマイクロプラスチックのサイズです。そして、口絵⑥のカラーはマイクロプラスチックの浮遊濃度（海水一立方メートルあたりの個数。単位については**コラム3**）です。岸に近いところでは、さまざまなサイズのプラスチック片を採取することができました。しかし、沖にいけば大きめのプラスチック片（メソプラスチック）は姿を消したのです。メソプラスチックだけを選んで、そして岸向きに戻す仕組みが、海にはあるはずでした。

その後に研究を重ねて、私たちが得た結論は次の通りです（**図3-1**）。大きなメソプラスチックほど浮力が大きく、海面近くを漂います。さて、海面で寄せては返す波は、それで

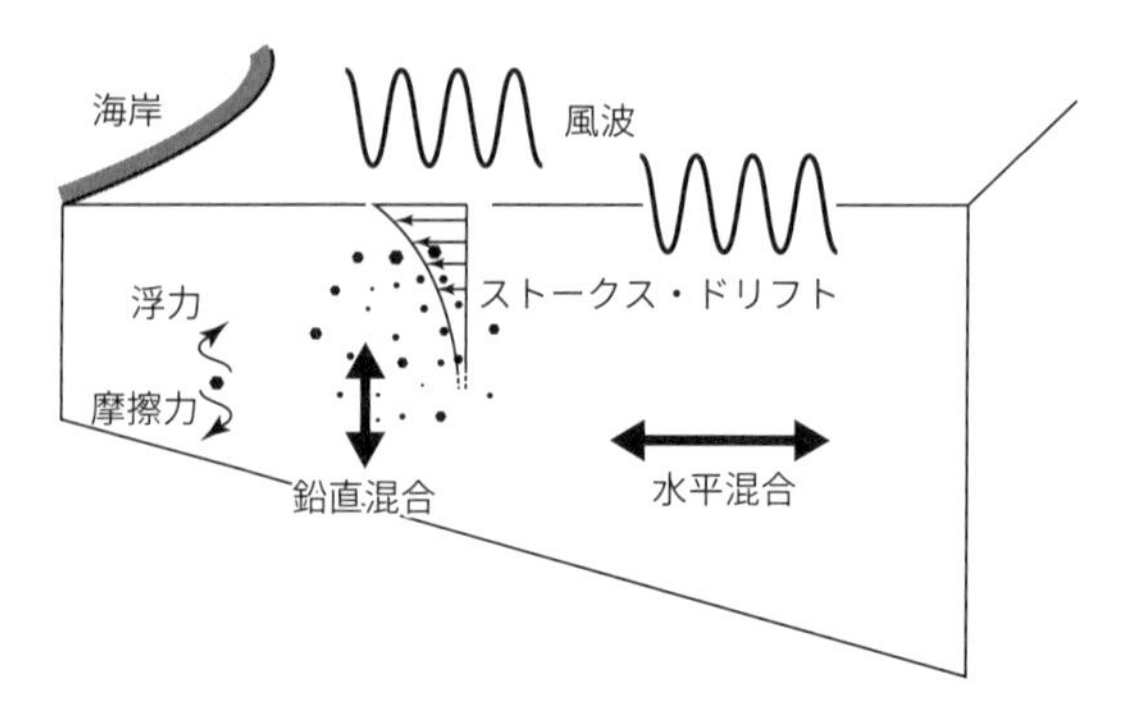

図 3-1 メソプラスチックの選択輸送説。浮力と摩擦力がバランスしてゆっくりと浮上するプラスチックは、サイズの大きなものほど浮力も大きく、海面近くに集まりやすい。一方で、風波に伴うストークス・ドリフトは、海面近くほど速く海岸方向に流れる。この両者の効果で、大きなメソプラスチックほど海岸に運ばれやすくなる。Isobe et al., 2014[83] より作成。

も海水を完全には返しきらず、差し引きで波の寄せる方向に緩やかな流れを生むことがあります。海洋学では、この流れのことを「ストークス・ドリフト」と呼んでいます。波は海岸へ向かうものなので、ストークス・ドリフトも岸に向かって流れています。風波に伴うストークス・ドリフトは海面で最速となり、下にいくほど速度を落とします。結果として、海面近くを漂うメソプラスチックほど、速いストークス・ドリフトによって海岸へと流れ寄せられます。これが、沖でメソプラスチックだけが姿を消した理由でした。

海岸近くまで寄せたメソプラスチックには漂着機会が増えます。漂着すれば劣化が進み、次第にマイクロプラスチックへと砕けていくでしょう。そして、小さなマイクロプラスチックになって、波にさらわれ、ふたたび海へ戻っていきます。浮力の小さなマイクロプラスチックは、メソプラスチックに比べて深く漂うことができます。すると、今度はストークス・ドリフトで海岸に運ばれることなく、海を自由に漂い始めるのです。

私たちが提案した、この「メソプラスチックの選択輸送説[83]」は、その後多くの論文に引用されて、支持を集めているようです（二〇二〇年で被引用件数が関連分野の上位二パーセント以内）。自然は、十分に劣化するまで、プラスチックごみを海岸に放置します。たとえプラスチックごみが海に流れ出たとしても、自然は許してくれません。マイクロプラスチックになるまでは、劣化しやすい海岸へ何度も押し戻す。マイクロプラスチックになってからの海洋生物への影響を考えれば（第四章）自然の摂理はなんとも意地の悪いことです。

日本周辺はマイクロプラスチックのホットスポット

瀬戸内海での調査を論文にまとめた二〇一三年ごろ、私は環境省に呼ばれて、東京海洋大学の東海正教授（現 同大学理事）を紹介されました。そして、大学所属の二隻の練習船（海鷹丸・神鷹丸）で、日本周辺のマイクロプラスチックを調査して欲しいと依頼を受けたのです。世界で環境中に捨てられるプラスチックごみのうち、半数以上は東アジアや東南アジアから出たものです[16]。太平洋や日本海といった日本周辺の海には、マイクロプラスチックが数多く浮かんでいるはずでした。日本周辺の海は、国や県の機関が定期的に調査していますが、水温や塩分など海洋学の伝統的な項目に限られています。マイクロプラスチックは調査対象外で、その実態はよくわかっていませんでした。瀬戸内海の調査に一段落をつけて、次は日本周辺の海にターゲットを絞っていた私たちにとっては、まさに渡りに船だったのです。

東京海洋大学の練習船といえば、南極海の調査もこなす高い技術が有名です。それでも、マイクロプラスチックの採取は初めてということで、二〇一四年七月に行なわれた最初の航海（福岡―輪島）には、私と東海教授、そして環境省の若い職員も乗船して、一つ一つの手順を確認し合いました。さすが船の乗組員は百戦錬磨で、素早い網の投下と回収、船から出るプラスチック片（はがれた船体塗料にもプラスチックは含まれます）が網に入らない仕掛けなど、あっという間に必要な環境を整えてくれました。

こうして、二〇一四年の約五〇測点を皮切りに、「環境省マイクロプラスチック沖合調査」が始まりました。一緒に乗船した環境省の職員は、この調査の継続に精一杯の努力を約束してくれました。その言葉通りに、二〇二〇年現在では、船は東京海洋大学だけでなく、北海道大学、長崎大学、鹿児島大学の練習船を加えた五隻に増え、測点も年間で一〇〇近くに拡充されて、マイクロプラスチックの採取が行なわれています。九州大学が担当する分析の結果はすべて環境省ウェブサイトで公開されて、誰でも閲覧できます[96]。これだけの規模で、周辺海域のマイクロプラスチックの監視と情報公開を行なっている国は他にないでしょう。わが国は、海洋プラスチック汚染の監視に先進的に取り組んできたといって良いと思います。

さて、調査が始まった二〇一四年のこと、マイクロプラスチックの分析を終えた私たちは、その結果に首をひねりました。全測点の平均で、海面一平方キロメートルあたりに一七〇万個のマイクロプラスチック。どうも量が多すぎるようなのです。そのころ北太平洋で報告されていた量より、一桁以上は大きい（図3-2）[97]。世界の海で平均した値と比較すれば二七倍です。軽いマイクロプラスチックは、海が穏やかになれば海面近くに浮いてきます[98][99]。逆に海が荒れれば、深さ方向に混ざってしまうでしょう。海面近くで網を曳けば、穏やかな海ほど浮遊量は上がるはずです。しかし、私たちが他の海と比較した浮遊量は、調査時の波高や風速データを使って、海の混ざる影響を補正したものでした（コラム3）。もちろん検算を繰り返して、計算ミスなど入る余地はありません。日本周辺は、間違いなく浮遊マイクロプラスチックの突出して多い海域（ホット・スポット）なのでした。

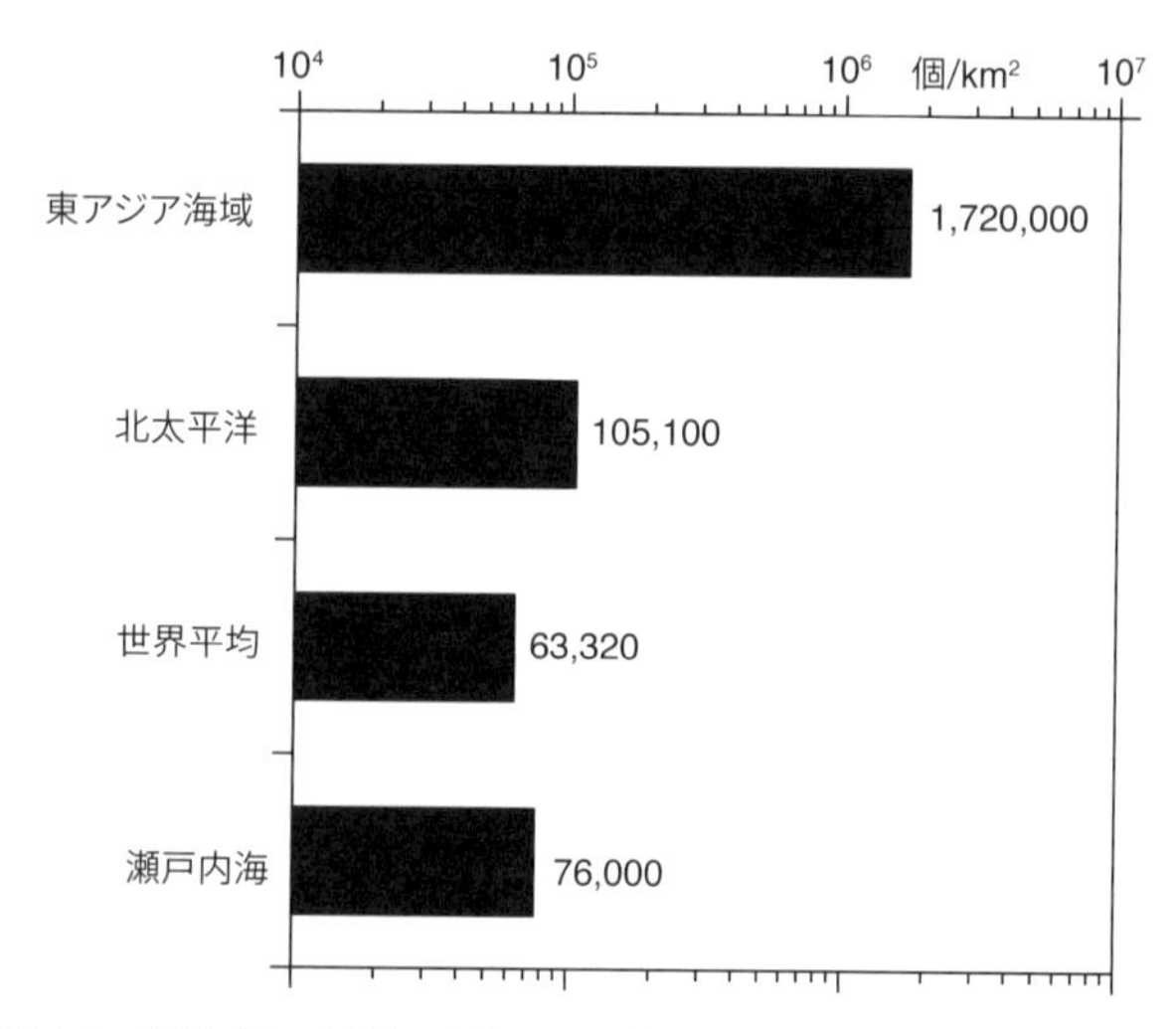

図 3-2　海域ごとに比較した海面 1 km² あたりに浮かぶマイクロプラスチックの個数　Isobe et al., 2015[97] より作成。

その後も継続して行なわれた沖合調査によって、ホット・スポットの実態が明らかになってきました。最新の結果（図3-3）を見れば一目瞭然です。最大で海水一立方メートルあたり一〇〇個を超える海域が、日本周辺のあちこちに見受けられます。日本のはるか南にも採取場所はありますが、ここではマイクロプラスチックの浮遊濃度はずいぶんと小さくなっています。日本列島は、浮遊するマイクロプラスチックに囲まれていたのです。そもそも、日本を含むアジアは、環境中に捨てられるプラスチックごみの多い地域です[16]。そして、日本から出たプラスチックごみに加えて、アジアの国々か

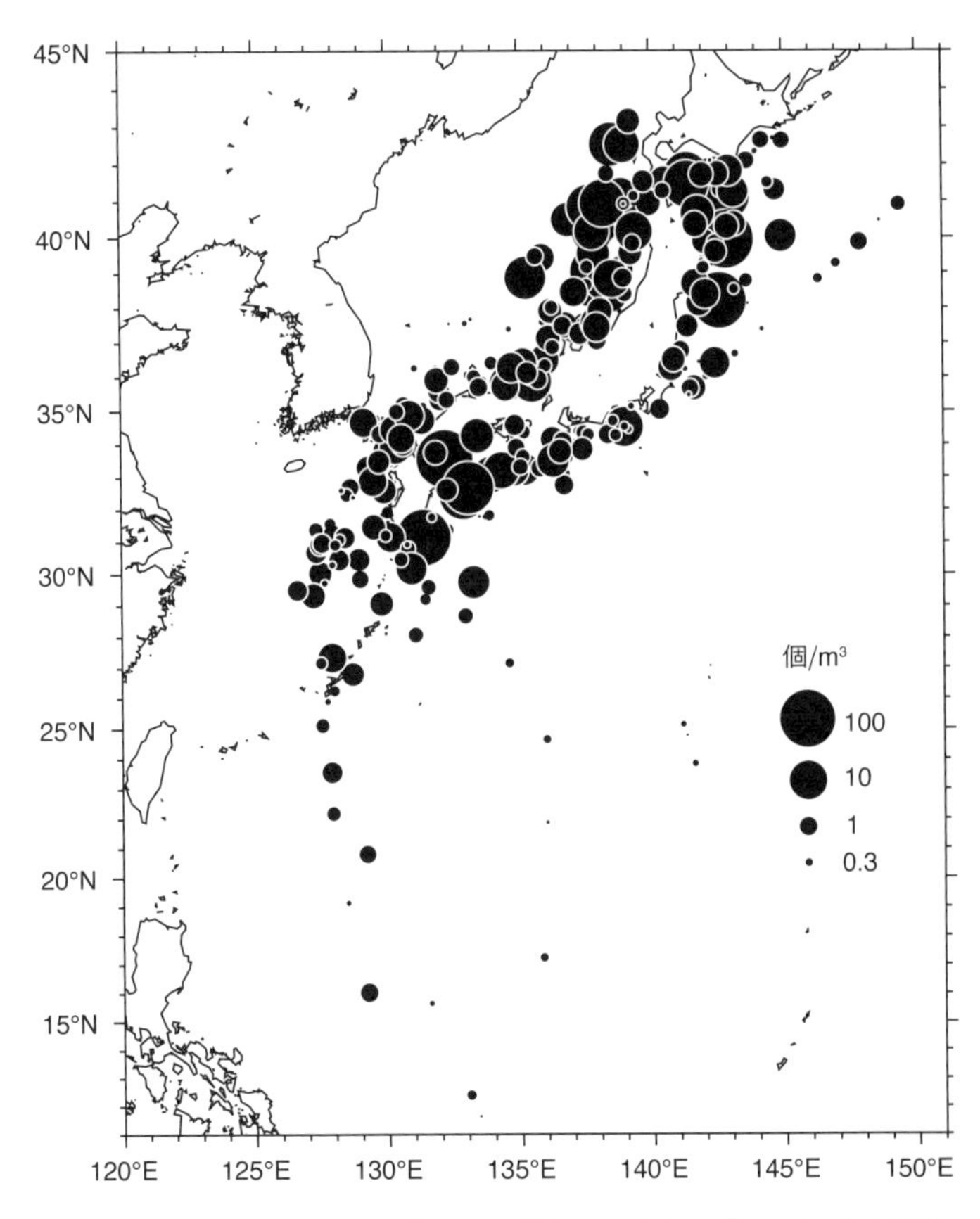

図 3-3　日本周辺海域で海水 1 m³ あたりに浮かぶマイクロプラスチックの個数
環境省マイクロプラスチック沖合調査[96]による。

ら出たものが、北上しつつ列島を囲む黒潮や対馬暖流といった海流によって運ばれてくるのです。これらが、列島周辺の海でマイクロプラスチックが多くなる原因でしょう。

南極から日本へ

沖合調査を始めた私たちは、二〇一四年にスペイン[100]と米国[101]の研究者が相次いで発表した二編の論文にショックを受けました。ようやく私たちが日本周辺の海で調査を始めたころ、すでに彼らの調査範囲は世界中の海に広がっていたのです。スペインのチームは、地球を東西に一周する航海で、大洋のマイクロプラスチック浮遊量を調べ上げていました（彼らは浮遊量を海面一平方キロメートルあたりの重量で求めています。コラム3）。彼らの調査結果を見れば、日本の久保田雅久教授（現 東海大学客員教授）が発見したハワイ北東部に広がる漂流物の集積海域[102]に、やはり高濃度のマイクロプラスチックが確認できます。北緯三〇度あたりを東西に延びる海流の収束域で、いわゆる太平洋ごみベルトの東端です（といっても、浮遊ごみが島のように溜まっているわけではありませんが[103]）。大西洋やインド洋にも、同じく沖合に高濃度の海域が見つかりました。陸で発生したプラスチックごみが、海岸で細かくなり、海流で流され、次第に大洋中央に集まったのでしょう。いち早く地球一周航海でマイクロプラスチックを採取する発想は、さすが大航海時代を切り拓いたスペイン人だと感心したものです。

地球を東西に一周する調査航海では見事に先を越されました。そこで私たちは、地球を南北に横断する航海を計画したのでした。負け惜しみに聞こえるかもしれませんが、大洋を横断するマイクロプラスチックの調査は、東西よりも南北方向に行なうべきなのです。そもそも、プラスチックごみを大量に出しているのは、人口の多い北半球です。生活圏からもっとも遠い南極海から始めて、プラスチックごみの多い東アジアへと北上する航海はどうでしょう。ほとんどマイクロプラスチックのない海から、北へ向かうほど増える浮遊量が観察できそうです。北半球から始まって、南へと地球を広がる海洋プラスチック汚染の実態が浮かび上がるはずでした。

東京海洋大学の海鷹丸は、毎年南極海で海洋調査をして、その後は北へ進路を向け東京に戻る航海を行なっています。この航海が利用できると思われました。ただ、大勢の研究者が乗り込む航海で、限られた時間に新しい調査を組み込むことは難しいものです。日本では大型調査船の数が限られていて、船の調査占有時間（シップタイムと呼びます）は、いつも研究者間で奪い合いなのです。それでも東海教授は、乗船研究者や大学、そして船を説得してまわり、南極海や日本へ帰る航路での曳網採取にシップタイムを確保してくれました。太平洋の南北縦断航海もさることながら、とくに南極海でのマイクロプラスチック調査は、当時まだ世界に例がありませんでした。みなさんの理解が得られたのは、これが決め手だったかもしれません（コラム4）。

二〇一六年一月にオーストラリア南西のフリーマントルを出港した海鷹丸は、まずは南下して南極海で調査を行ないます。そして、二月初旬にタスマニア島のホバートに立ち寄って、その後は東京に向け北上する航海でした（図3－4）。東京入港は三月上旬の予定です。南極海での調査は東京海洋大学の内山（松本）香織博士に任せ、一月末に大学での講義を終えた私がホバートで乗船して交替し、東京までの調査を担当しました。九州大学から乗り込むのは私と学生が一人、それに船の日常を撮影したいとテレビ局の記者さんもカメラを抱えて、三名が二〇一六年二月九日にホバートに向かったのでした。

船の日常

ホバートから東京までは、一カ月に及ぶ無寄港航海です。ホバートを出て一〇日目、最初に見えた陸地はパプアニューギニアの島々で、また次の硫黄島まで一〇日間は、四方を海に

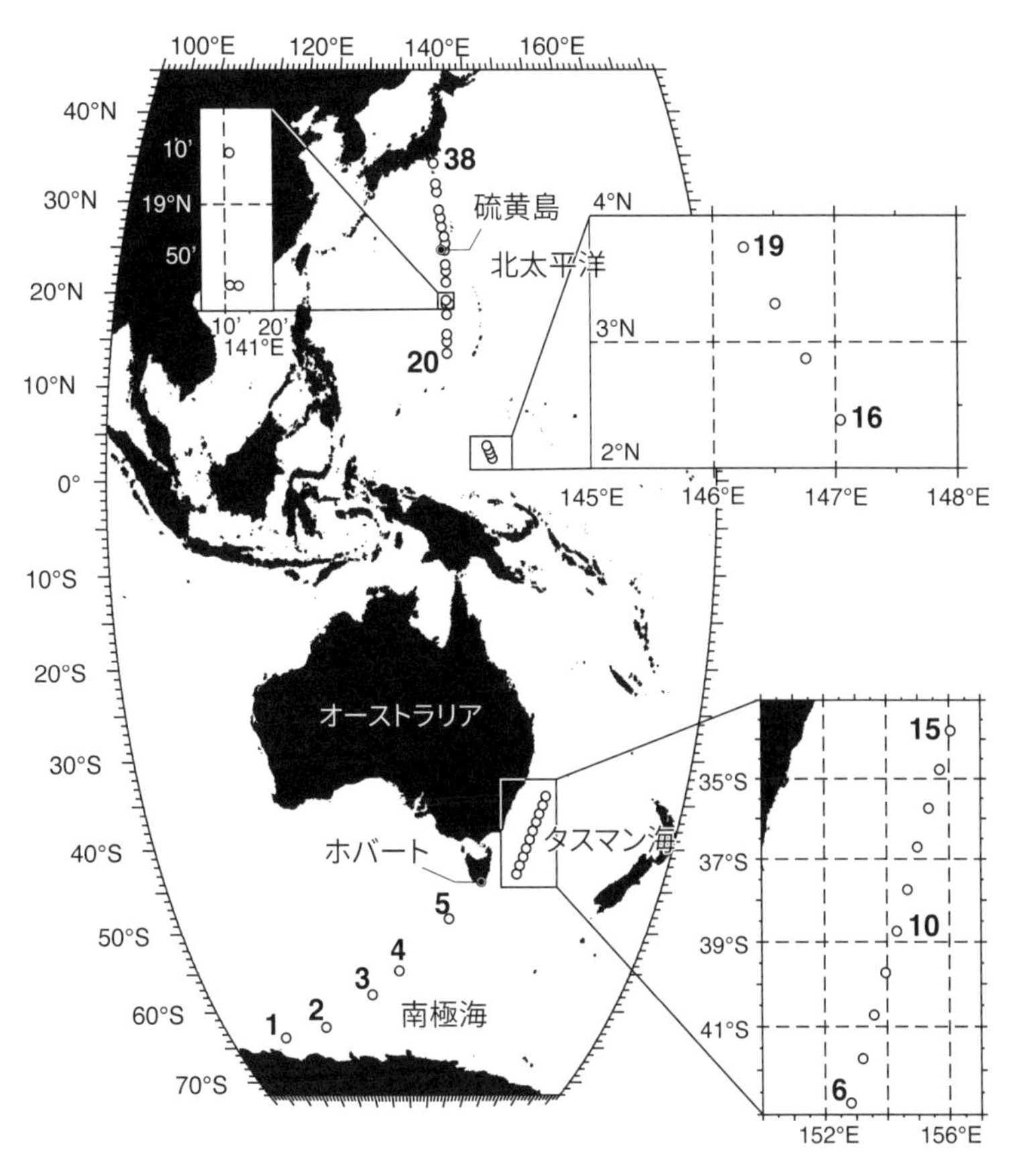

図 3-4　南極海から東京までのマイクロプラスチック調査位置　Isobe et al., 2019[104] より作成。

囲まれた毎日が続くのです。いつまでも海は見飽きないなど、たまに海にいく人がいうことでしょう。波しかなくて砂漠のように単調な海の景色は、三日も経てば見飽きてしまいます。それでも船に乗るのが海洋学者というもの、よく人に酔いませんかと聞かれますが、船に慣れた私は酔いません。最近では良い薬もありますし、やはり気持ちが高ぶっているせいでしょう。

海には、領海と排他的経済水域（ＥＥＺ）という区切りがあります。他国の領海はもちろんのこと、ＥＥＺの中で勝手に調査はできません。東京海洋大学の海鷹丸のように名の通った船ならば、なおさら国際的な大問題になってしまいます。船はゆっくり時速三〇から四〇キロメートルくらいで進むもので、他国のＥＥＺを抜けるまで一週間かかることもあります。この間は調査が中断されて、本当に何もすることがないのです。遠く外洋で利用できる衛星通信のインターネットなど、高価で個人では使えません。娯楽といえば食事と読書、そして一日一本だけ選んで、各々の船室テレビに配信される映画だけ。映画の選択は凝っていて、硫黄島が見えたころには「硫黄島からの手紙」が流され、なかなかの臨場感でした（実際に臨場しているわけですが）。

海は単調と書きましたが、それでもときには息を呑むような景色に出会います。この一カ月の航海だけでも、船のそばを通るマッコウクジラや、夜の海で満天にギラギラと輝く星々、晴れと雨の境目は遠く水平線まで伸びて、雨上がりの夜など月明かりで白く光る虹が出るのです。夕日が水平線に沈むとき、ごく稀に赤い太陽が一瞬だけ緑に輝くことがあります。このグリーン・フラッシュ（口絵⑦）をひと目見ようと、夕方には甲板に出て水平線を眺めることが私たちの日課でした。

広い海でも他国のEEZは案外と入り組んでいて、調査場所を決めるのは一苦労です。とくにオーストラリアの東に広がるタスマン海を抜けたあとは、ずっと北太平洋までEEZに囲まれています。このままでは、調査の大きな空白域ができてしまいます。調査を甲板で指揮する首席一等航海士（船では英語のチーフ・オフィサーを縮めてチョッサーと呼ばれます）が海図を睨（にら）んで、予定航路上の赤道直下に、EEZのわずかな隙間を見つけてくれました。精一杯の調査をしましょうといってくれたチョッサーには、感謝の気持ちしかありません。こうして南極海から東京まで、なんとか三八測点の曳網採取を終えて、私たちの長い航海が終わったのでした。

浮遊マイクロプラスチックの南北分布

南極海から東京にかけて三八測点で採取した試料は、すぐに九州大学に送られ分析されました。そして驚くべきことに、すべての測点からマイクロプラスチックが検出されたのでした。[104] 南極海から南太平洋、そして赤道から北太平洋と、おしなべてプラスチックの浮かぶ海だったということです（図3-5）。図の横軸は緯度を表して、左端が南極海で、右端に東京が位置します。縦軸は海面一平方キロメートルあたりに浮かぶマイクロプラスチックの個数です。一九七二年に発表された論文では、米国東海岸沖に見つかったマイクロプラスチックは、海面一平方キロメートルあたり三五三七個でした。今回二〇一六年の調査では、南極海や南太平洋で平均して一平方キロメートルあたり一万個程度となって、すでに四〇年前の記録を抜いています。これが北太平洋になれば、約一〇万個と桁が一つ上がります。東京に近づけば、さらに桁が上がって一〇〇万個以上となるのです。どこにでも浮かんでいるマイクロプラスチックですが、やはり北半球での個数が多い。海洋プラスチック汚染は、主に北半球で進行していることがわかります。その中でも東アジアは、とくにマイクロプラスチック浮遊量の多いホット・スポットというわけです。

それでも南極海でのマイクロプラスチックの発見は、重要なメッセージを人類に与えてく

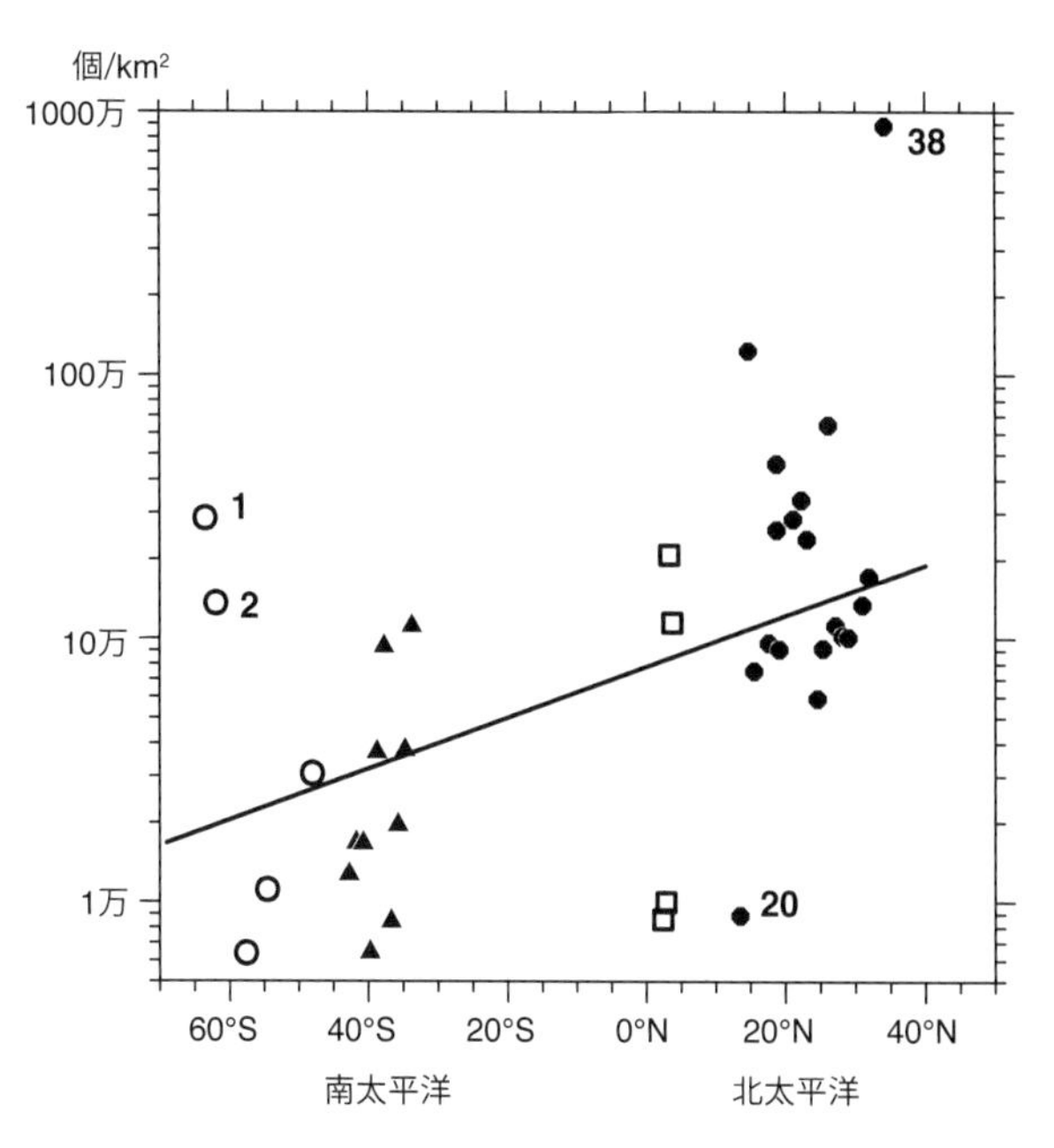

図 3-5　南極から東京までに採取された海面 1 km^2 あたりに浮遊するマイクロプラスチックの個数。南極海（白丸）、タスマン海（三角）、赤道周辺（四角）、北太平洋（黒丸）で、番号は図 3-4 に示した調査位置の番号を表している。直線は回帰直線。Isobe et al., 2019[104] より作成。

れます。海洋プラスチックごみは街の日常生活から出て、川を通って、海に流れ出るものです。その日常生活からもっとも遠いところに、南極海は位置している。そんな南極海にさえプラスチックが浮いているのです。プラスチックごみのない海など、もはや世界に存在しないのでしょう。私たちは、南極海での発見について報告した論文を、そんなメッセージで締めくくりました。[105]

消えたプラスチック

海に出たプラスチックごみは、次第に細かく砕けて、目立たなくなっていきます。しかし、決して消えるわけではありません。プラスチックが社会で使われ始めて七〇年ほど経ちました。すなわち、プラスチックごみが海に流れ出てから、長くて七〇年しか経っていないということです。一方で、プラスチックが海で分解するには、数百年から数千年といった長い時間が必要です。[106] これまで海に流れ出たプラスチックは、目立たなくなったかもしれませんが、この地球のどこかにあるはずです。

ここで、これまで日本周辺の海から採取したすべてのマイクロプラスチックを使って、サイズ別の個数分布図をつくってみましょう（図3-6）。図の横軸を左へ小さなサイズになるほど、マイクロプラスチックの個数（棒グラフの高さ）が増えていきます。一つのプラスチック片が割れれば、サイズが小さくなって、そして数を増やしていくためです。ここで注意したいのは質量保存の法則です。一つのプラスチック片が割れて、一〇〇個のマイクロプラスチックになったとしましょう。それでも一〇〇個を集めた質量は、元の一つのプラスチック片と等しいはずです。

棒グラフに重ねた破線は、質量保存を保つように、サイズ別の個数分布を予想したものです。予想にあたっては、マイクロプラスチックの形を薄い円柱に見立てました（良い近似とされています[100][104]）。ここでは、サイズを円柱底面の直径に、そしてサイズの一〇パーセントを高さとしました[100]。まず、図で一番大きな五ミリメートルのマイクロプラスチックについて、

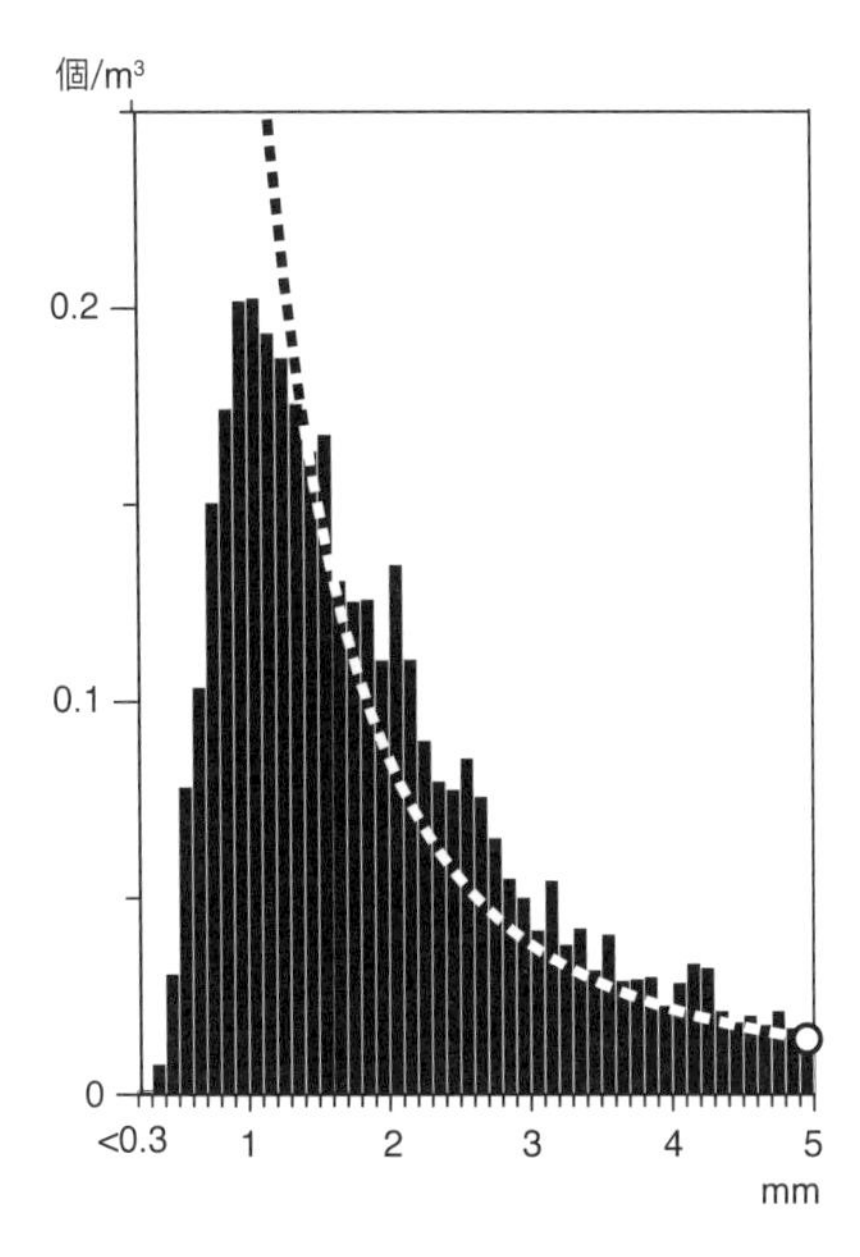

図 3-6　日本周辺海域（図 3-4）で採取されたマイクロプラスチックのサイズ分布。横軸はサイズ（最大長さ）で、縦軸は海水 1 m³ あたりに浮かぶマイクロプラスチックの個数。破線は、5 mm のマイクロプラスチックを基準に、質量保存則で予想されたサイズ別の浮遊個数分布（本文参照）。

すべてを合わせた質量を求めます。破線は、この質量と同じになるために必要な、サイズ別の円柱の個数です（プラスチックの比重を一とする）。

細かくなるにつれて、海に浮かぶマイクロプラスチックは数を増やすはずでした。ところが、実際のマイクロプラスチックの個数（棒グラフ）は、とくに一ミリメートルを下回るあたりで、予想（破線）よりもはるかに少なくなっています。私たちは、海面から一メートル程度までに漂流するマイクロプラスチックを、曳網採取しています。海水よりも軽いマイクロプラスチックは、海面近くに集中して浮いているためです。集中して浮いているのは確かなことでしょう。しかし、一ミリメートル以下のマイクロプラスチックについていえば、浮いていたのは、あるはずの一パーセントから一〇パーセント程度でしかなかったのです。

残りのマイクロプラスチックは、いったいどこに消えたのでしょうか。この地球のどこかにあるはずなのです。これまでも海底から、海水よりも軽いはずのポリエチレンやポリプロピレンでできたマイクロプラスチックが見つかっています[92]。魚など海洋生物に誤食された一部が、フンや死骸とともに海底へと沈んだのかもしれません。漂流中に表面を藻やプランクトンなど生物の死骸で覆われ、重くなったマイクロプラスチックも沈むといわれています[107]〜[111]。海岸に打ち上がって砂に紛れ、そのまま深く潜り込むこともあるでしょう[112]。北極では海氷に閉じ込められた大量のマイクロプラスチックが発見されています。[113][114] 北極海や南極海では、冷えた海水が深海まで沈み込んでいます。沈み込むところには、まるで吸い込み口に集まるように、浮いて流されるマイクロプラスチックが集まるのかもしれません。[105][115] 文字通り網の目をくぐり抜けるほど細かく砕けたものは、私たちに採取されることなく、それでも海を漂っているのかもしれません。ただ、すべて断片的な情報や仮説にすぎず、消えたマイクロプラスチックの行方は、まだよくわかっていません。

私たちが街中で不用意に捨てたプラスチックごみは、川を通って海に流され、細かく砕けてマイクロプラスチックになったのち、最後は姿を消すのです。将来のマイクロプラスチックの浮遊量を予測することは、海洋生態系への影響評価にとって重要です（第四章）。しかし、どこにいったのかがわからなければ、正確な予測など困難でしょう。いま世界の研究者は、消えたマイクロプラスチックの行方を懸命に探しています。

コラム3

マイクロプラスチックの単位

ものの量を表すには、計る基準（単位）が必要です。たとえば、長さであればメートルとか、時間であれば秒などです。実はマイクロプラスチックについて、決まった単位はありません。ここでは、この本の中で使う単位について整理しておきます。

私たち研究者の多くは、マイクロプラスチックを海面近くで曳網採取します。このとき、必ず網口には小さなプロペラ（フローメータ）を取り付けます。網を通過する海水の体積を、プロペラの回転数から換算するためです。そして、採取したマイクロプラスチックの個数を、網を通過した海水の体積で割って、「海水一立方メートルあたりの個数」を求めます。これがマイクロプラスチックの量を表す単位で、広く研究者が用いる一般的なものです。

海水よりも軽いマイクロプラスチックは、風が止んで波が穏やかになれば、海面近くに浮いてきます。[98][99] 逆に海が荒れれば、海水と一緒にマイクロプラスチックも混ざってしまうでしょう。海面近くで曳網採取したマイクロプラスチックの個数は、海の荒れ具合で変わってしまいます。

そこで、マイクロプラスチックを採取するときは、風速と波高を記録しておきます。風速と波高がわかれば、海の混ざり具合がわかって、深さ方向にマイクロプラスチックの個数分布が推定できるのです[98]。次に、マイクロプラスチックの個数を、深さ方向に足し合わせます。足し合わせてしまえば、海が荒れて深さ方向に分布が変わっても関係ありません。このときの単位は、たとえば「海面一平方キロメートルあたりの個数」です。

個数を重量に置き換えることもあります。マイクロプラスチックを生物に与えて影響を調べる実験（第四章）では、与える量を個数ではなく重量で表します。そこで、海で採取するマイクロプラスチックも重量で表して、実験結果と比較するのです。このときの単位には、たとえば「海面一平方キロメートルあたりのグラム数」などが用いられます。

コラム4

世界初は心臓に悪い

研究には何か世界初といった部分が必要です。すべて二番煎じでは研究になりません。オリジナリティの少ない研究発表を聞いた知人のアメリカ人研究者は、いつも皮肉たっぷりに言うのです。「良いエクササイズ（練習）だったね」。

二〇一六年の段階で、南極海でマイクロプラスチックを採取した論文はありませんでした。採取できれば世界初のことです。もちろん、海に浮かぶプラスチックなど、ないに越したことはありません。それに南極海は孤立しているわけではありません。どこからか流れてきたマイクロプラスチックがあっても、一向に不思議ではありません。そんなことは、よくわかっているのです。それでも、世界初という言葉に弱い研究者にとって、この挑戦は魅力的でした。研究者が急増している分野です。こうしている間も、誰かが南極海での調査を計画しているかもしれません。ひょっとしたら、いま調査をしているのかも。私たち研究グループは、南極海でマイクロプラスチックを採取し、いち早く論文発表することに熱中したのでした。

　南極海調査を終えた海鷹丸は、二月上旬にホバートに立ち寄り、その後一カ月をかけて東京に向かう予定です。船が南極海の試料（ボトルに詰めた海水と浮遊物）を日本に持ち帰る三月まで、待ってなどいられません。一カ月の遅れで誰かに先を越されるかもしれないのです。ホバートで試料だけ船から降ろして、先に日本まで空輸しよう。海水を含んだ試料の空輸は手続きが大変ですが、すべて海鷹丸が手配してくれました。ホバートでは、南極海で調査を終えた内山（松本）香織研究員が、下船してすぐ試料を発送しました。そのころ、九州大学（福岡）の研究室では、専任スタッフが空輸される試料を待ち構え、到着次第すぐにマイクロプラスチックの取り出し作業を始めたのでした。航海が終わる三月までに大急ぎで作業を済ませ、私は下船後すぐに論文の執筆に取り掛かりました。国際学術誌に論文を投稿したのは、調査から四カ月後の五月末のこと、海洋学分野では異例の早さです。

　投稿した論文は査読にまわされ、審査が始まりました。論文の掲載が認められるまで気が気ではありません。査読に通らず掲載を拒否されることもあるのです。それでも、九州大学と東京海洋大学、そして環境省は、日本語と英語のプレスリリースを報道機関に事前配布して、論文掲載と同時にニュースを世界に向け発信する手配をとりました。論文が掲載拒否されたら、全機関に平謝りだったと思います。誰も南極海の調査を論文発表していないよね。恐る恐る見るインターネットでの検索が、毎朝の、心臓に悪い日課でした。

幸いにも、論文は二〇一六年九月末に査読審査を通過して掲載が認められ、数日後には学術誌のウェブサイトで公開が始まりました。(105) そして同時に、日本チームのマイクロプラスチック発見が、世界で報道されたのでした。イタリアのチームが南極海での発見を論文発表したのは、そのわずか四カ月後のことです。(116) まさにタッチの差でした。

第四章

マイクロプラスチックの何が問題か

誤食されるマイクロプラスチック

海鳥やウミガメなど、海洋生物はプラスチックごみを誤食します。誤食した生物には、食欲の減退[44]や体長の低下[45]、消化管の損傷[46]などの影響が現れます。大きめのプラスチック片と同じく、マイクロプラスチックも海洋生物に誤食されています。小さな粒を食べたところで、たいしたことはないと思うかもしれません。しかし、その小ささいことが問題なのです。

大型のプラスチックごみになるほど、誤食する生物も大きくなって、その種類は限られます。一方で、マイクロプラスチックであれば、幅広い種類の生物に誤食されてしまいます。実際に、これまで、クジラ[93]や外海で獲れたアジ・サバの仲間[94]、その稚魚[95]、市場で購入した魚[117]、また内湾に群れるカタクチイワシ[118]、あるいは貝[117][119]やエビ[120][121]、果ては動物プランクトン[122][123]の体内から、マイクロプラスチックが検出されています。南極海を含む世界の海に漂うマイクロプラスチックは、すでに海洋生態系の中に、しっかりと入り込んでしまったようなのです。

本当に厄介なのは、マイクロプラスチックの誤食が、食物連鎖でつながってしまうことです。これを「生物濃縮」（あるいは「生物増幅」）[59]といいます。たとえば、何か汚染物質が、海に薄く広がったとしましょう。薄く広がっているので、たとえ人が海水を飲んだところで害はありません。小さなプランクトンが周りから海水を取り込めば、わずかながらも汚染物質が体内に残るでしょう。それでも、一匹のプランクトンが持つ汚染物質の量など、たかが知れています。しかし、小魚が大量のプランクトンを食べればどうでしょう。プランクトンの持つ汚染物質が、一匹の小魚に集まってしまいます。続いて、大きな魚が大量の小魚を食べればどうでしょう。そして、その大きな魚を人間が何匹も食べれば。人が海に流してしまった汚染物質は、そのまま無害になるほど薄く広がるとは限りません。プランクトンから大型生物へとつながる食物連鎖を通して、また人へと濃く戻るかもしれないのです。マイクロプラスチックも生物濃縮するでしょうか。もしそうなら、大きな魚や哺乳類などは、大量のマイクロプラスチックを体内に抱え込むことになりそうです。

いまのところ研究者は、大型生物へとつながるマイクロプラスチックの生物濃縮には懐疑的です[124]。生物濃縮が起こるためには、一つの条件が必要です。それは、体内のマイクロプラスチックがフンと一緒に外に出る前に、大きな生き物に食べられること。食べられる前にマイクロプラスチックが体内から外に出てしまえば、生物濃縮は起こりません。確かに、マイクロプラスチックを体内に持つプランクトンを小魚が大量に食べれば、一時的に生物濃縮が起こるでしょう[125][126]。しかし、そのあとが続かないようなのです。大きな魚が小魚を食べても、そのとき小魚の体内には、マイクロプラスチックが残っていないということです。

生物濃縮はないにしても、人は水産物を通してマイクロプラスチックを食べているでしょうか。市場で売られていた魚からも、マイクロプラスチックが検出されています[117]。マイクロプラスチックは、普段は食べることのない消化管から見つかることが多いようです。それでも内臓を食べないとはいいきれませんし、貝などは、いちいち内臓を取り除くことはないでしょう。マイクロプラスチックは、人の口に入っていると考えるのが合理的です[127]。ただし、たとえ食べたところで、微量のプラスチックが原因の健康被害について、これまで論文での報告はありません。

最悪のシナリオ（一）―化学汚染物質―

プラスチックそのものに毒性はありません。それでは、海洋生物によるマイクロプラスチックの誤食は、何が心配なのでしょうか。

海洋プラスチックごみの表面には、周囲の海水に薄く広がった残留性有機汚染物質が蓄積します。油でできたプラスチックには、油と似た性質の汚染物質が吸着しやすいのです。また、プラスチックには、劣化防止や着色などの目的で、無害とはいえない化合物が添加されます。海洋生物が、こんな「汚れたプラスチック」を誤食すれば、汚染物質がプラスチックから離れて、体に移ってしまいます。これが海鳥で研究を重ねた山下博士の結論でした（第二章参照）。マイクロプラスチックでも、きっと同じことが起こるでしょう。しかも、マイクロプラスチックは、プランクトンからクジラまで、さまざまな生き物が誤食するのです。

プラスチック表面への汚染物質の蓄積は、東京農工大学の高田秀重教授のグループが、東京の京浜運河で行なった実験で発見したものです。この重要な研究成果が報告されたのは二〇〇一年のことでした。(128) いまほど海洋プラスチック汚染への関心が高くなかった早い時期に、大変な先見性だったと思います。

ポリプロピレン製のレジンペレット（マイクロプラスチックの大きさです〔写真2－6〕）を、京浜運河の海水に浸して、六日間の観察を続ける実験でした。一日に一度、一部のレジンペレットを抜き出して、表面に吸着した汚染物質を分析したところ、PCBやジクロロジフェニルジクロロエチレン（DDE）の濃度が、毎日ぐんぐんと上がっていったのです。ちなみにDDEは、殺虫剤として利用されてきたジクロロジフェニルトリクロロエタン（DD

T）が分解してできる化合物で、生体内に蓄積しやすいことが知られています。[59] 濃度の上昇は、六日間の実験が終わったあとも止まりそうにありませんでした。なにしろ運河に浮いていた他のレジンペレットを調べたところ、六日目の濃度の一〇〇倍で、ＰＣＢやＤＤＥが吸着していたのです。プラスチック表面への汚染物質の蓄積は、もう疑いありませんでした。

プラスチックが汚染物質を吸着する力は強いものです。高田教授らの研究によれば、京浜運河の海水一トンに広がるＰＣＢは、最小で一グラム程度のプラスチック片の表面に、すべて吸着することがわかりました。[128] まるで生物濃縮のようなことが、マイクロプラスチックによって起きているのです。

高田教授らの発見から現在までに、化学汚染物質を吸着させたマイクロビーズ（人工のマイクロプラスチック）を使って、数多くの生物実験が行なわれてきました。[129] たとえば、マイクロビーズにＰＣＢを吸着させてメダカに与えれば、肝機能に障害が出たとの報告があります。[130] その他にもさまざまな化学汚染物質を吸着させたマイクロビーズによって、体重の減少や、[131] はては死亡率の上昇まで報告されています。[132]〜[135] これが実際の海で起きて、海洋生態系の脅威となることが最悪のシナリオでしょう。

ただ、これらはすべて実験室での結果です。いまのところ、マイクロプラスチックに乗って体内に運ばれた汚染物質が、実際の海で海洋生物に何か障害を与えたとの報告はありません。もっとも、いったんマイクロプラスチックが海に広がってしまえば、回収することなど不可能でしょう。何か障害が報告されたときは、すでに手遅れです。

汚れたマイクロプラスチックは生態系の脅威となるか？

海洋生物は、汚れたマイクロプラスチックを誤食します。これは、確かに汚染物質を体内に運び入れる経路となるでしょう。そして、誤食する量が増えれば海洋生物に障害が現れることも、数多くの実験が証明しつつあることです。しかし、実際の海で海洋生態系の脅威となるには、いくつかの段階を踏む必要があります。

まず、マイクロプラスチックが体内に運ぶ汚染物質の量を、他の浮遊物質が運ぶ量と比べる必要があります。海に漂うものはマイクロプラスチックだけではありません。生きているプランクトンや、死んだプランクトン、生物のフンや死骸、大気から降ってくる微細な鉱物など、さまざまな粒子が海には漂っています。これらにも化学汚染物質は吸着して、そして生物の口から体内に入るでしょう。汚染物質を体内に運び入れるのは、なにもマイクロプラスチックだけとは限らないのです。きっと魚は、プランクトンのような餌とマイクロプラスチックを区別せずに食べるでしょう。このとき、プラスチックに吸着して魚に入る化学汚染物質の量と、餌が含む汚染物質の量は、どちらが多いのでしょうか。

高田教授のグループによる最近の研究は、この疑問に一つの答えを与えてくれるものです[136]。日本近海でマイクロプラスチックと動物プランクトンを同時に採取し、それぞれに含まれるＰＣＢの量を比較した結果です。ここで問題になるのは、プラスチックが、油と似た性質の汚染物質を吸着させやすいことです。同じ海水の中をくぐり抜けたとして、マイクロプラスチックには、プランクトンよりも多くの汚染物質が吸着します。重量比でいえば、動物プランクトンが一に対して、マイクロプラスチックが〇・六以上あれば、マイクロプラスチックとともに魚に入るＰＣＢが、プランクトン経由のＰＣＢを上回ることがわかりました。この重量比を上回れば、海水中のＰＣＢを海洋生態系に運ぶ新たな経路が、マイクロプラスチックによってつくられたというわけです。二〇〇一年にカリフォルニア沖で行なわれた調査では、動物プランクトンに対するマイクロプラスチックの重量比は、すでに〇・三でした[80]。汚染物質の新たな経路が、そろそろ世界の海に現れつつあるようです。

ここで、なにより重要なのは、実際の海に浮遊するマイクロプラスチックの量です。いままでのほとんどの実験では、生物に与えたマイクロビーズの量が、実際に海で浮かぶマイクロプラスチックの量よりも、かなり多くなっていたようです。浮遊濃度が海水一立方メートルあたりで一〇〇ミリグラムを超えるような海域など、いまは少なく、あっても一時的なものです（図4－1[104]）。穏やかな夏には、マイクロプラスチックが海面近くに浮かんで、濃度は高くなるかもしれません。しかし、海が荒れだすと海水が深さ方向にかき混ぜられて、ずいぶんと濃度が落ちるものです[98][99]。ところが実験では、実海域の一〇倍から数十万倍の濃度で投与する場合があります[129]。かなり現実を誇張した実験が多いのです。ただ、極端な条件で何が起こるか知ることも、科学では必要です。

さすがに、数十万倍の濃度でマイクロプラスチックが浮遊することは、これからも起きそうにありません。それでも、自然に分解しづらいプラスチックです。しかも、細かく砕けると大半が行方不明になるプラスチックなのです。どこに、どれだけが溜まっていくのか、いまのところ、はっきりとはわかっていません。そんなマイクロプラスチックが、汚染物質を海洋生物に運び入れる新たな経路を築き始めたのです。

今後は、マイクロプラスチックに吸着した化学汚染物質の量や、生物体内に移る量について、海での注意深い監視が必要です。加えて、実験で与えたマイクロプラスチックの量を、実際の海での浮遊量と比較することが重要です。実験室で見た生物への影響が現実のものと

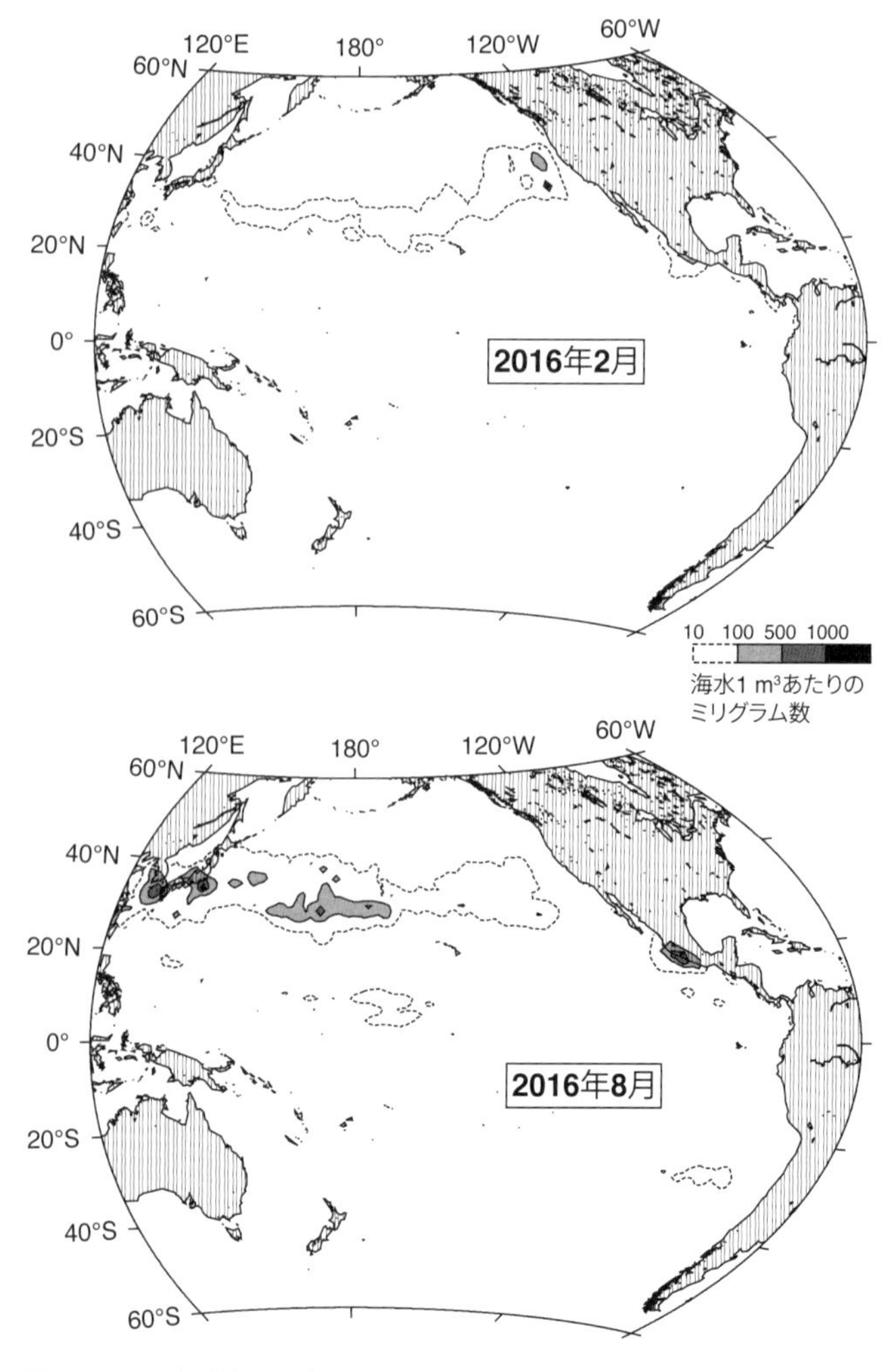

図 4-1　2016 年現在での太平洋の浮遊マイクロプラスチック濃度　Isobe et al., 2019[104]より作成。

なるか、比較することで初めて明らかになるからです。この比較については、またあとでくわしく述べたいと思います。

最悪のシナリオ（二）―粒子毒性―

生物は食べることにエネルギーを使います。口や消化管を動かして食物を取り込むことだって、エネルギーを消費するのです。生物が命をつなぐには、消費した分を補って余りあるエネルギーを、食物からとる必要があります。ところが、せっかく取り込んだ食物が、実は食べられない物ばかりだったら。実際に、マイクロプラスチックは、幅広い種類の生物に誤食されています。食べたところで、プラスチックそのものに毒性はありません。しかし、糧(かて)にもならないプラスチックを摂取するエネルギーの無駄遣いは、余裕のない小さな生物ほど、大きな負担になるでしょう。この負担を、マイクロプラスチックの「粒子毒性」といいます。

毒性のないプラスチックに、粒子毒性とは強い言葉です。しかし、実のところ毒があるかないかという議論は成立しません。なんでも取りすぎれば毒物です。コーヒーだって飲みすぎれば、お腹を壊すでしょう。最近になって、マイクロプラスチックを食べすぎた生物を観察する粒子毒性実験が、さかんに行なわれています。二〇一〇年を越えたころから急速に発表論文が増えて、現在では六〇近い数になりました[129]。それだけ研究者の関心が高くなったということでしょう。

水槽で飼育した生物に、マイクロビーズを餌代わりに与え続ける実験です。このマイクロビーズには化学汚染物質を吸着させません。添加物を取り除く場合もあります。誤食させたプラスチックの影響だけを見るためです。動物プランクトンや、カキやイガイといった貝類、そしてゴカイや魚類など、さまざまな生物が実験に用いられました。そして、プラスチックの食べすぎは、成長の鈍化[137〜139]や、死亡率の上昇[140, 141]、あるいは運動量[142〜144]や繁殖力[139, 141]の低下など、多くの障害を生物にもたらすことがわかりました。ただ、これはプラスチックに毒性が見つかったということではありません。この種の実験は、何か障害が出るまで、多くのプラスチック粒を与え続けるものです。障害が出るのは当然なのです。そんな実験で与えるほど大量のマイクロプラスチックが浮遊する海では、生物の体が小さくなって、繁殖力も低下するというわけです。生物の多様性が損なわれて、漁業資源は貧弱となっていくでしょう。このような生態系の劣化が、マイクロプラスチックによる粒子毒性がもたらす最悪のシナリオです。

粒子毒性は生態系の脅威となるか？

海にはマイクロプラスチックの他にも、小さな生物の死骸や、川から流れてきた鉱物のカケラなど、数多くの粒子が浮いています。海洋学では、これらを「懸濁粒子」と呼んで、古くから重要な研究対象にしてきました。陸に近づくほど、海には多くの懸濁粒子が浮いているものです。もとある懸濁粒子よりも量が少なければ、マイクロプラスチックの粒子毒性など、取り立てて問題にならないかもしれません。

実際の海で、マイクロプラスチックの粒子毒性は生態系の脅威となるのでしょうか。この問題を考える前に、そもそも海には、どれほどの懸濁粒子があるか説明しましょう。一九七〇年代に、太平洋や大西洋で行なわれた懸濁粒子の大規模な調査航海があります[145]。このGEOSECSと名づけられた研究プロジェクトによれば、大西洋に浮かぶ懸濁粒子の濃度は、海水一立方メートルあたりで一〇ミリグラムから六〇〇ミリグラムでした。太平洋では、それよりも二分の一から三分の一と少なめです。二〇〇〇年代に行なわれた別の航海では、太平洋に浮かぶ懸濁粒子の大きさは、九九パーセントが一〇マイクロメートルよりも小さな粒子であることがわかりました[146]。川から出た鉱物のカケラなど重い懸濁粒子が、遠く外洋まで運ばれることはありません。流れていくうちに沈んでしまうからです。外洋で見つかる鉱物性の懸濁粒子は、ほとんどが風で運ばれて海面に落ちたものです。したがって、かなり小さな粒子しか見つからないのです。また、生物起源である有機物が約半数を占めるとも報告されています。[146]

マイクロプラスチックは、元をたどれば生物起源の石油からつくられていますが、現在の海洋生態系にとっては間違いなく異物です。分解することなく、また海水よりも軽いため沈まず、遠く外洋まで運ばれます。そして、五ミリメートルから下のさまざまなサイズを持っています。長い地球史の中で際立った変わり物が、いま海に数多く漂い始めているのです。

ここで、これまで行なわれたマイクロプラスチックの粒子毒性実験を整理してみましょう（図4－2）。[104] 図にあるマークの一つ一つが、六〇近い別々の論文で発表された結果です。生物に何か障害が出たところにマークが打たれています。障害の種類は先に述べた通り、成長の妨げや死亡率の上昇などさまざまです。図の縦軸は水槽の生物に与えたマイクロビーズの量で、海水一立方メートルあたりのミリグラム数で表しました。横軸は、与えたビーズのサイズです。マークが打たれていれば、横軸のサイズのマイクロビーズを、縦軸の量だけ与えたところ、何らかの障害が現れたということです。

縦軸のマイクロビーズの量は、実験によって大きく異なります。極端な例では、海水一立

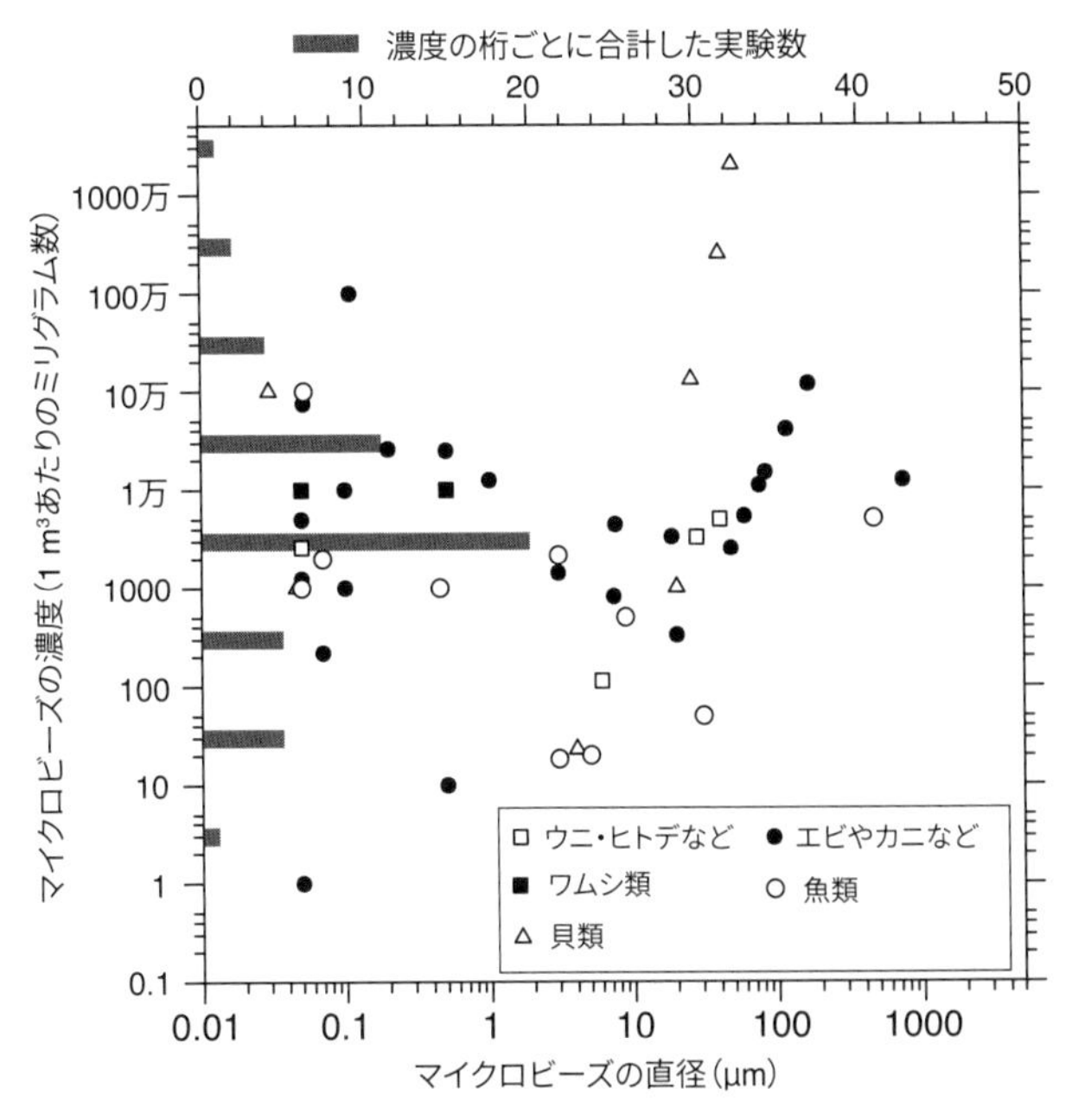

図 4-2 これまで行なわれた粒子毒性実験の結果（本文参照） Isobe et al., 2019(104) より作成。

方メートルあたり一〇キログラムものマイクロビーズを与えた実験まであります。一〇〇ミリグラムに届くかどうかという現状から考えて、いくらなんでも、これほど大量のマイクロプラスチックが浮遊する海は、かなり特殊な状況でしょう。

ここで、図に示した棒グラフに注目してください。水槽の生物に与えたマイクロビーズ量の桁ごとに、実験の数を合計しました。海水一立方メートルあたり一〇〇〇〜一万ミリグラム（一〜一〇グラム）のマイクロビーズを与えた実験が、これまでにもっとも多いようです。多くの実験が、この程度にまでマイクロプラスチックが浮遊する海に生物がすめば、何か障害が現れると報告しているのです。

このままプラスチックが環境中に捨てられるなら、これからも海に浮遊するマイクロプラスチックは増えることでしょう。それにしても、海水一立方メートルあたり一グラムなど、他の懸濁粒子に比べて突出して高い濃度です。現在のマイクロプラスチック浮遊濃度（図4-1）と比べても、かなり多い。このような海が、いつか現実のものとなるのでしょうか。なるとすれば何年後のことでしょうか。この章の最後に、私たち研究グループが導き出した未来の予測を紹介したいと思います。

さて、もう一度、図4-2を見てください。そして、横軸のサイズに注目してください。サイズを見て、「あれっ」と思った方は、この本を注意深く読んでくださった、良い読者です。ここに、マイクロプラスチックの影響を考えるにあたっての、現在の科学の限界があります。これについても、この章の最後に述べたいと思います。

割れる見解

二〇一七年に「エンバイロメンタル・サイエンス・アンド・テクノロジー」誌に掲載されたバートン教授（ミシガン大学）の記事は、とても刺激的です。[147] タイトルは、「なぜ科学者は、うわべだけのマイクロプラスチックのリスクに注目するのか」。ちなみに同誌は、とくに環境化学や環境毒性学分野で高い評価を得ている国際学術誌です。論文を掲載するには厳しい査読をパスしなければなりません。もっとも、この記事は査読を経たものではなく、研究者に向けたメッセージとして私見を述べたもののようです。それでも有名誌ですから、海洋プラスチック汚染に興味を持つ多くの研究者が目を通したはずです。

総じて研究者は慎ましやかで、あまり声を荒げることはありません。少なくとも私の同僚たちはそうです。紳士淑女ばかりといいたいところですが、本音をいえば、誰が自分の論文の査読をするかわからないので、無用に敵をつくりたくないのです。それにしては、ずいぶんと挑発的なタイトルをつけたものです。かいつまんでの内容は、次の通りでした。

なんでも摂取がすぎれば毒物である。実際の海では、海水一立方メートルあたりで一個から一〇個程度の浮遊数にすぎないマイクロプラスチックなのに、実験では数桁多い量を生物に摂取させている。このような実験になんの意味があるのか。期待する結果を出したい、論文を出版したい、研究費を獲得したいという気持ちがすぎて、センセーショナリズムに走ることは不道徳である。たわいのないマイクロプラスチックによる海洋汚染を心配する前に、富栄養化や貧酸素化など、研究すべき汚染は他に数多くあるだろう。

バートン教授の意見には、傾聴すべき大切な真実が含まれています。これについて述べる前に、二カ月後に同誌に掲載されたヘイル教授（バージニア海洋科学研究所）の反論を紹介しましょう[148]。タイトルは、「マイクロプラスチックのリスクは、本当に取るに足らないものか」。

確かに、現在のマイクロプラスチック浮遊数は少ないかもしれない。しかし、今後一〇年間での倍増が危惧されるプラスチックごみである[16]。マイクロプラスチックの浮遊数も増加するだろう。その結果として生物が摂取しすぎれば、これは毒物である。マイクロプラスチックが含む化学汚染物質の生態系への影響など、まだまだ不明な事柄が多い。適切なリスク評価のため、今後も科学者は研究を進めるべきである。

ヘイル教授の反論はもっともですが、まずバートン教授の指摘で大切な点を述べておきます。それは、環境問題を扱う科学では、実験室と実環境（この場合は海）での比較を怠ってはいけないということです。あくまで実験室はバーチャルな世界です。ここに与えたマイクロプラスチックの量が、実際の海に浮かぶ量より桁外れに多ければ、実験結果を、そのまま現実に置き換えることはできません。一方で、実際の海にマイクロプラスチックが見つかっても、これが生物にとってリスクかどうかは、実験結果がないと判断できません。実験と実際の海での調査は、環境科学における車の両輪なのです。ここで、実際の海とは、現在の海だけではありません。未来の海も比較の対象です。実験室で洗い出された生物へのリスクが、いまの海で現れているか監視し、未来に起こりそうなのか予測する。マイクロプラスチックに限らず、これが汚染物質の環境リスクを評価する基本的な考え方です。

それでも、実験で生物に障害が現れたのなら、それで十分ではないか。いったん海に広がったマイクロプラスチックを回収することなど不可能だ。たとえ、まだ海での量が少なくても、また未来の様子はわからなくても、少しでもリスクがあるなら、一刻も早くプラスチックを使わないようにするべきだ。ヘイル教授の反論を一歩も二歩も進めれば、こんな考えにいたるかもしれません。その是非については、あとで考えてみたいと思います（コラム5）。

さて、バートン教授に対しては、私からも反論があります。教授が実験室と比較した、海でのマイクロプラスチックの浮遊数についてです。一個から一〇個とは、現在の値にしても、いささか過小評価でしょう。すでに、海水一立方メートルあたり一〇〇個を超える海域が、日本周辺のあちこちに見られるのです（図3－3[97]）。加えて、マイクロプラスチックの浮遊数は増え続けています[81]。いま浮遊数が少ないにせよ、未来の浮遊数について言及がないことは、ヘイル博士の反論の通りです。生物に障害が現れるほど、未来の海にはマイクロプラスチックが浮かぶのでしょうか。次に紹介するのは、私たちの研究グループが予測した五〇年後の未来です[104]。

五〇年後のマイクロプラスチック

二〇一六年に南極海から東京までの調査航海を終えた私たちは、続いてコンピュータ・シミュレーションに取り掛かりました。第一章で紹介したような仮想粒子の追跡実験です。五島列島から揚子江に向けて、海岸漂着ごみを戻した実験を思い出してください（口絵③）。同じような実験を、今度は太平洋全体で行なったのです。ただし、今度は海流の向きを元に戻しています。また、第一章のような大きな海岸漂着ごみではなく、粒子をマイクロプラスチックに見立てています。

シミュレーションでは、最初に、実際のマイクロプラスチック分布を再現する計算を行ないました。再現目標となる浮遊濃度の分布は、私たちの調査航海や、過去に他の研究者が調査した結果です。したがって調査と同じく、海面近くに浮かぶマイクロプラスチックがシミュレーションの対象です。分布がよく再現できたことを確かめたのち、五〇年後の予測に取り掛かったのでした。

シミュレーションの設定を、ここで簡単に紹介しましょう。粒子を流し始める場所は、太平洋を囲む国々の海岸からです。流し始める時期は、私たちの調査から五〇年前の一九五七年としました。このころには、いまほどプラスチック製品が社会に出回らず、プラスチックごみも少なかったはずです。したがって、シミュレーションの最初には、海に浮かぶマイクロプラスチック（ここでは仮想粒子）はありません。ここから二〇一六年まで、海岸から流す粒子数をゆっくりと増やし続けました。二〇一六年の粒子数は、それぞれの国で適性に処理されず、いま環境中に流出させているプラスチックごみの量[16]を参考にして決めました。続いて、将来に増加が予想されるプラスチックごみの流出量[16]を反映させて、流す粒子数を二〇一六年以降も増やし続けます。そして、五〇年後（二〇六六年）のマイクロプラスチック分布を予測したのでした。

ところが、計算を始めてすぐに、私たちはシミュレーションの設定に変更を迫られました。シミュレーションの海に漂うマイクロプラスチック量が、これまでの調査結果に比べて多すぎるようなのです。南にいくほど太平洋の浮遊濃度は落ちるはずなのに、思ったより落ちない。過去から現在までの増え方も急すぎる。現在のマイクロプラスチック量を過大評価するようでは、将来の予想など当たるはずがありません。

海に流す仮想粒子の与え方は、実際に発生しているマイクロプラスチックの量を、よく反映しているはずでした。シミュレーションに与えた海流の精度にも自信がありました。まず、多くの計測データで同化をかけたものです。それに今回は、これまでの研究成果を踏まえて、波によるストークス・ドリフトまで加えているのです。

秘密を解く鍵は、消えたマイクロプラスチックにありました。前の章で、海で採取したマイクロプラスチックが、サイズが一ミリメートルを下回るあたりから、予想よりかなり少ないことを紹介しました。海面近くに浮かぶマイクロプラスチックには、質量保存が成立しなかったのです。消えたマイクロプラスチックがどこにいったのか、よくわかっていません。シミュレーションは、この海面近くのマイクロプラスチックを対象にしています。したがって、シミュレーションには、マイクロプラスチックが海面近くから消えてしまうという設定が必要だったのです。私たちは、シミュレーションの結果と調査データを突き合わせ、消えるまでの期間を三年程度と割り出しました。

先に見せた太平洋でのマイクロプラスチックの濃度分布（図4－1）は、実は、このシミュレーションの結果です。海面に浮かぶ海水一立方メートルあたりのマイクロプラスチック重量を、シミュレーションの粒子数から換算したものです。三年経てばシミュレーションの海から消える設定です。この設定があって、初めてシミュレーションは、実際の濃度分布をよく再現しました。そこで、そのまま流す粒子数を増やし続けて、五〇年後（二〇六六年）のマイクロプラスチック分布を予測しました（図4－3、口絵⑧）。これが、現在のままプラスチックの消費を続け、そして捨て続けた先に来る、未来の海の姿です。

五〇年後の八月には、日本を含む東アジアの近海や、北太平洋の中央部に、もっとも色の濃い海域が現れます。ここには、海水一立方メートルあたり一グラムのマイクロプラスチックが浮かんでいます。太平洋に浮かぶ他の懸濁粒子よりも際立って高い濃度です。

ここで、粒子毒性の実験を振り返ってみましょう（図4－2）。実験室の水槽で飼った生物には、この程度のマイクロビーズ濃度でさまざまな障害が現れました。成長の妨げや死亡率の上昇、あるいは運動量や繁殖力の低下などです。水槽実験で生物に起こったことが、東アジア近海や太平洋中央部では、五〇年後に現実のものとなるかもしれません。粒子毒性だけではありません。これに化学汚染物質の吸着が重なれば、さらに生物へのダメージは大き

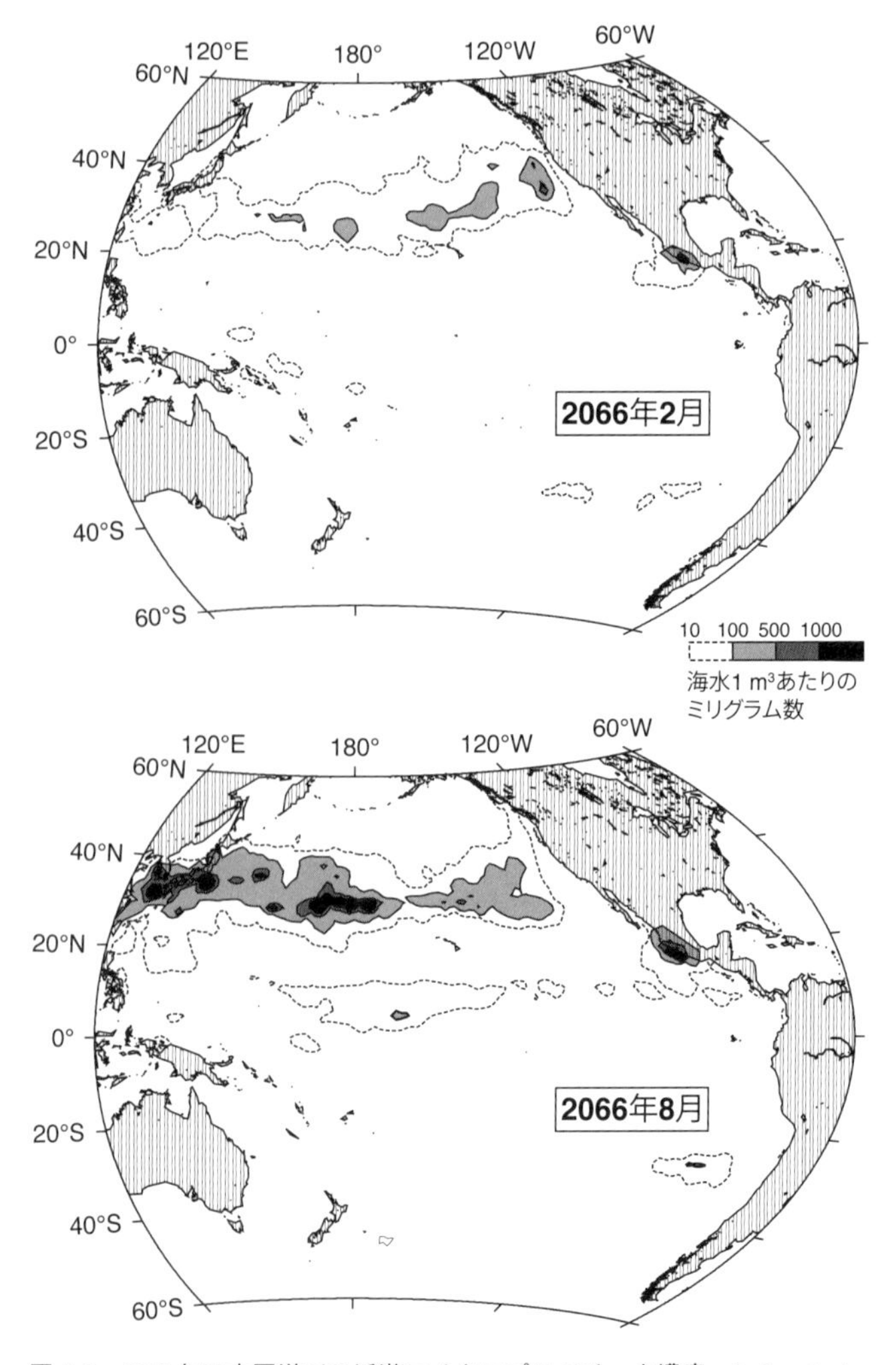

図 4-3 2066 年の太平洋での浮遊マイクロプラスチック濃度 Isobe et al., 2019[104]より作成。

くなるでしょう。

研究の最前線――小さなマイクロプラスチック――

ただし、未来の生物へのダメージをいいきるには、まだ十分な証拠とはいえません。なぜなら、このシミュレーションには、一つの大きな弱点があるからです。粒子毒性実験の結果（図4―2）を見て、「あれっ」と思った方は、お気づきかもしれません。

弱点はマイクロプラスチックのサイズにあります。実験と海での調査では、取り扱うマイクロプラスチックのサイズに、大きなギャップがあるのです。粒子毒性実験に使うマイクロビーズのサイズ（図4―2の横軸）は、ほとんどが一〇〇マイクロメートル（〇・一ミリメートル）以下です。数マイクロメートルから、一マイクロメートル以下（ナノメートル）のサイズで行なった実験も数多くあります。小さなマイクロビーズほど、生物の中に深く入り込んで、大きなダメージを与えるようです[140][149]。また実際の海では、このような「小さなマイクロプラスチック」ほど、幅広い生物に誤食されるでしょう。一方で私たちは、そんな小さなマイクロプラスチックを、実際の海で調査できません。目あいの細かな網を使って採取したところで、〇・三ミリメートル程度が、その後の分析作業で取り扱えるサイズの下限です。

シミュレーションは、調査結果の精度良い再現を確認したのち、将来を予測するものです。必然として、シミュレーションで扱うマイクロプラスチックも、調査できる〇・三ミリメートル程度がサイズの下限です。

実験と海での調査は、環境科学における車の両輪であるはずでした。ところが、この両輪は、マイクロプラスチックのサイズにある大きなギャップのため、いまはまだうまく回っていない状況です。

それでは、小さなマイクロプラスチックは、五〇年後にどの程度の濃度で浮かぶことになるのでしょうか。シミュレーションのマイクロプラスチックほど高い濃度になるのでしょうか（図4-3）。図のマイクロプラスチックが小さく砕けて、そのまま海面近くを漂うなら、確かにそうなるでしょう。質量は保存されるはずですから。しかし、それは最悪のシナリオです。海に浮かぶマイクロプラスチックが、海面近くから次第に姿を消すことは、すでに述べた通りです。一部は海底へと沈んでいるといわれています。小さなマイクロプラスチックは、浮力も小さいので早く沈みそうです。それならば、シミュレーションより低い濃度に落ち着くでしょう。

では、小さなマイクロプラスチックは、どの程度が海面に残るのでしょうか。そして消えた残りは、どこにいったのでしょう。それらは海洋生物にリスクとならないのでしょうか。残念ながら、小さなマイクロプラスチックが調査できないいまの私たちは、これらの疑問に答えることができません。いまの状態がわからなければ、将来の予測もできないのです。そもそも、自然の中でプラスチックはどこまで細かく砕けるのでしょう。小さなマイクロプラスチックなど、本当に海で大量につくられているのでしょうか。これらの疑問についても、いまのところ誰も答えてくれません。

海に流れ出たプラスチックの何が問題か。ここまで読んでいただいたみなさんには、大きなプラスチックごみからマイクロプラスチックにいたるまで、私たちの持つ懸念がおわかりになったと思います。いま世界の研究者は、一ミリメートルよりも小さなマイクロプラスチックの行方を懸命に探しています。また、これまで扱っていた数百マイクロメートルより、はるかに小さなマイクロプラスチックに向き合おうとしています。まだ実態が見えない、この小さなマイクロプラスチックは、私たち研究者にとって新たな挑戦なのです。そして、ここがみなさんを案内できる研究の最前線です。

コラム5

健全な予防原則、極端な予防原則

私たち研究者は、マイクロプラスチックの海洋生態系への影響について、まだ確かなことがいえません。では、科学がリスクを証明できていないなら、当面はプラスチックを使い、そして捨て続けても構わないのでしょうか。

科学が十分にリスクを証明していなくても、それを言い訳にして、対策を先延ばしにしない。これが環境問題に適用される「予防原則」という考え方です[150]。とくに、ひとたび被害が広がれば取り返しのつかないリスクには、この予防原則にしたがって対策が講じられます。海に広がったマイクロプラスチックを、すべて回収することなど不可能でしょう。実験室で生物に現れたダメージが実際の海でも起こったら、もはや取り返しがつきません。海洋プラスチック汚染に対して、私たちは、いまなんらかの対策を講じる必要があるのです。

では、この予防原則を極端に進めれば、どうなるでしょう。ある物質のリスクを科学が十分に証明できなくても、少しでもリスクがあるなら、その物質は一刻も早く使用禁止にすべきだ。なんだか反論しづらい気がします。実際に私が大学の講義で問いかけたところ、少し戸惑いつつも、この「極端な予防原則」を支持する学生は少なくありませんでした。

ここでは、極端な予防原則について、問題点を二つ指摘したいと思います。確かに、緊急避難的に極端な予防原則をとる局面があるかもしれません。しかし、極端な予防原則は、考え方として危うさを伴うことも知っておくべきです。

プラスチックを例に取りましょう。小さなマイクロプラスチックになれば、広い範囲で生物に深刻なダメージを与えかねません。そこで、予防原則を極端に進めて、シングルユース（使い捨て）のプラスチックを世界からなくすのです。海岸漂着ごみのランキング（表1－1）を思い出してください。使い捨てプラスチックばかりです。海に流れ出るプラスチックごみは、確実に減ることでしょう。海岸もきれいになって問題は見事に解決です。

一方で、その世界のどこかには、汚染された水で食器を洗って病気になった子どもがいます。それまで使い捨てのプラスチック皿を使っていたのに。保存が悪くて食当たりになった子どももいます。それまで清潔なプラスチック・フィルムで食べ物を包んでいたのに。そのようなリスクは少ないかもしれません（少ないとは思えませんが）。しかし、ゼロではないのです。

私たちは、予防原則にしたがって、使い捨てプラスチックをなくしたはずでした。しかし、少しのリスクがあるならば、やはり予防原則にしたがって、使い捨てプラスチックをなくすべきではありません。このように、極端な予防原則には、違うリスクを呼び込むことで、自分で自分を否定するジレンマに陥る危うさがあります[151]。

もう一つの危うさは、極端な予防原則が持つ疑似科学との親和性です。

科学と疑似科学の見分け方をご存じでしょうか。反論するための実験ができれば科学で、できないなら疑似科学というものです（反証可能性といいます[152]）。少しややこしいので、一つ例を挙げましょう。ある自称科学者が、不思議なサイコロを発明しました。このサイコロは、きれいなものを念じながら振ったとき偶数の目が出ます。汚いものを念じつつ振ったら、奇数の目が出るというのです。これを疑った私が、この不思議なサイコロで実験をします。きれいなものを懸命に念じつつ振ったサイコロでも、奇数は出るでしょう。確率は五〇パーセントなので当たり前です。しかし、この自称科学者は、こう反論するはずです。きっとサイコロを振る君の心のどこかに、汚いものを思う気持ちが混ざったからだ。こういわれては、誰が実験しても、不思議なサイコロに反論などできません。このように、反論する実験ができないものは、疑似科学とみなされます。

一方で、ニュートン力学に反論する実験は簡単です。たとえば、ボールを地面に落とせばよいのです。ボールが重力加速度で落下しなかったら、ニュートン力学は否定されたはずです。どんな実験でも否定できなかったからこそ、ニュートン力学は、いまも燦然と輝く科学として、生き残っているのです。

科学的に証明できなくても。少しでもリスクがあるなら。こういわれては、極端な予防原則に反論する実験や調査、そしてシミュレーションなど、できるものではありません。ただ、この反論のしづらさこそ、疑似科学であることの証明です。

さて、健全な予防原則にしたがって、海洋プラスチック汚染には、いま何らかの対策を講じる必要があります。私たちには何ができるのか、最後の章で考えてみましょう。

第五章

私たちにできること

最後の一パーセントが残る

まず、わが国での廃棄プラスチックの流れを見ましょう（図5－1）[17]。二〇一八年現在、年間で約九〇〇万トンのプラスチックが廃棄されています。そのうち六五パーセントが燃やされますが、これを廃棄処分といえば言葉がすぎるでしょう。焼却の熱で発電などを行なうエネルギー回収が大半を占めるからです。国内での再生利用は一七パーセント程度で、国外への輸出が一〇パーセント、残り八パーセントが埋め立て処分です。もっとも、いまは輸出した廃棄プラスチックの引き受け国が、どんどん少なくなっています。国内に残った余剰分は、当面のところは焼却することになりそうです。

焼却・埋め立て・再生利用のうち、どの処理方法が適切かといった判断は簡単ではありません。燃やすなんてもったいない、再生利用すべきとは、なんだか聞こえの良い議論です。しかし、再生利用にもエネルギーは必要です。また、生産量を減らさずリユース（再利用）やリサイクル（再資源化）だけ増やせば、結果として、社会に出回るプラスチック製品が増

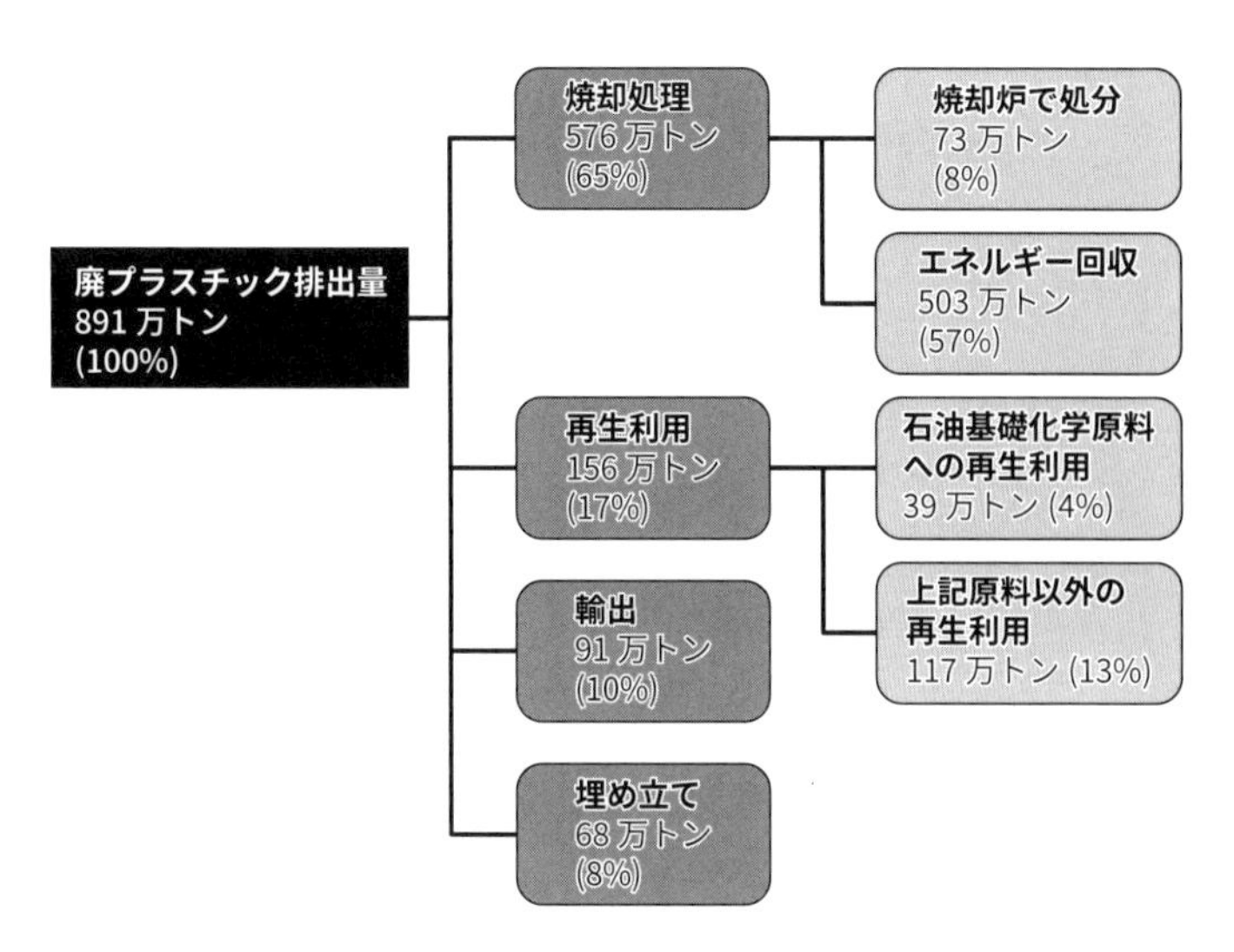

図 5-1　2018年のわが国における廃棄プラスチックの流れ[17]。原典資料からエネルギー回収を焼却処理に加え、石油基礎化学原料への再生利用（ケミカルリサイクル[1]）を再生利用にまとめる変更を加えた。また、原典資料では再生利用に加えていた輸出を単独に表記した。

えるだけでしょう。それに応じて、プラスチックごみの量も増えてしまいます。かといって、燃やすのもなかなか大変です。焼却処理とは、焼却施設をつくればすむ話ではありません。そこまでプラスチックごみを運ぶために、道路を整備しなくてはなりません。人と車両の手配も必要です。そしてなにより、生活ごみを分別収集する人のモラルと社会の仕組み、これらすべてが整っての焼却処理です。わが国だって、ここまで来るのに何十年という年月が必要でした。どの国も一朝一夕に達成できる話

表 5-1　2010 年の国別廃棄プラスチック重量

順位	国名	プラスチック重量（トン/年）
1	中国	8,819,717
2	インドネシア	3,216,856
3	フィリピン	1,883,659
4	ベトナム	1,833,819
5	スリランカ	1,591,179
6	タイ	1,027,739
7	エジプト	967,012
8	マレーシア	936,818
9	ナイジェリア	851,493
10	バングラデシュ	787,327
・・・・・・		
30	日本	143,121
世界の合計		31,865,274

Jambeck et al.,（2015）[16]の 10 位までの国に日本を加えたもの

ではありません。

結局のところ、それぞれの国で、もっとも環境に与える負荷が少なく、経済効率の良い処理の組み合わせを考えるほかないでしょう。ただ、海洋プラスチック汚染についていえば、問題の本質は処理の方法ではないのです。

ここで、管理せず捨てられたプラスチックごみの重量を各国で比べましょう（表5－1）[16]。「管理せず捨てられた」とは、焼却も再利用も埋め立てもされず、平たくいえば、道端に捨てられたという意味です。

ちなみに、このランキングは、二〇一五年に「サイエンス」誌で発表された論文に掲載されています。科学のルールとして、査読をパスして国際学術誌に発表された論文への反

論は、やはり国際学術誌上で行なう必要があります。しかし、この論文が発表されて以降、わが国からも世界のどの国からも、査読に耐える反論は発表されていません。廃棄物処理の専門家を含め、いまのところ広く受け入れられている集計結果ということでしょう。

この集計によれば、いま世界では年間で約三〇〇〇万トンのプラスチックごみが、管理されず捨てられています。そのうち、わが国からは年間で約一四万トンです。しっかりと分別して、またプラスチックごみの収集や処理のシステムも整っているにしては、ずいぶんと多い印象を受けます。しかし、これはわが国で年間に廃棄される九〇〇万トンのうち、わずか一～二パーセントにすぎません。

およそ九九パーセントは適正に処理されているのです。なんであっても、五〇パーセントを九〇パーセントまで高めることはできそうです。しかし、コストを考えても、最後の一パーセントを上げきることは難しい。きちんと捨てたつもりでも、ごみ箱からこぼれることもあるでしょう。一〇〇人いれば、一人は平気で道端にごみを捨てる不心得者かもしれません。その一部が街から川を経て海に流され、いま海岸に散らばるプラスチックごみになるのです。漏れた一四万トンを考えれば、一〇〇人が一〇〇人ともに分別処理を徹底させ、すべてのプラスチックごみを管理するなど、どうやら楽観的にすぎたようです。問題の本質は、焼却や再利用、あるいは埋め立てといった処理方法の選択ではありません。どの処理経路にも乗らず環境中に漏れた、この一パーセントが問題となっているのです。たった一パーセントであっても、元の廃棄プラスチックの量が膨大であれば、結果として、一〇万トン規模で環境中に漏れてしまうということでしょう。

この一パーセントが意味するところは重要です。実は、表5-1の上位にランクされたアジアの国々では、この数値が八〇パーセント程度まで上がります（集計[153]表から計算したもの）。今後は、これらの国々でも分別が徹底され、適正な処理が進むでしょうし、そうでなくては困ります。しかし、いずれ適正処理の割合は頭打ちになって、最後の一パーセントは残ってしまう。それを日本が先駆けて証明したのです。そして、約一〇倍の人口比を考えれば、わが国で年間一〇万トン規模であった量は、中国や東南アジアで一〇〇万トンまで膨れ上がるはずです。すべての国々を合わせれば、年間で数百万トンとなるでしょう。

私たちは、プラスチックごみは環境中に漏れるもの、との前提に立つ必要があります。安くて大量に捨てられ、軽くて遠方に運ばれ、腐らず環境に残るプラスチックなら当然かもしれません。すべてを燃やすことは難しい。かといって、リユースやリサイクルだけ進めれば、社会に出回るプラスチック製品が増えて、結局は一パーセントの量も増えてしまう。環境中に漏れるプラスチックごみを減らすには、社会に出回るプラスチックの総量を、なかでも捨てる前提のプラスチック製品を減らすほかありません。優先されるべきは、プラスチック総量の抑制でしょう。いま取り組みが始まっているレジ袋やストローの削減は、そういった流れの一環です。

国内外の取り組み

使い捨てプラスチックの削減に向けた取り組みは、すでに私たちの周りで始まっています。たとえば、わが国ではレジ袋の無償配布が二〇二〇年に禁止されました。もっとも世界を見渡せば、レジ袋そのものを禁止している国が少なくありません。とくに、アフリカ（二四カ国）やアジア（七カ国）で数の多さが目立ちます[154]。ただ、これは環境に配慮してというより、もっと切実な事情によります[155]。これら地域の国々では、道端に捨てられた多くのレジ袋で、街中の水路が詰まってしまうのです。アフリカでは、溜まった汚水にマラリアを媒介する蚊が発生して、深刻な健康被害をもたらしました。南アジアでは、モンスーンの時期に排水溝が堰（せ）き止められ、ついには洪水となりました。

ただ、これほど直接的な被害がなくても、発展途上国や中進国で、環境に配慮した使い捨

写真 5-1 タイの海岸に散乱するプラスチックごみ（2017 年撮影）

てプラスチックの削減が、次第に広がりを見せています。いま私たちのグループは、海洋プラスチック汚染の新たな研究プロジェクトをタイ王国で進めています。その準備のため、これまで私は何度もバンコクを訪問しました。少し前まで市内のコンビニエンスストアで缶ビールを買えば、一枚のレジ袋に一缶を入れて、さらにストローまで付いてきたものです。これでは、海岸にプラスチックごみが散らばるのも当然と思わされました（**写真5－1**）。ところが最近では、缶ビールを買ってもストローなど付いてきません。市民の意識が急速に変わったようなのです。

タイの共同研究者が、きっかけとなった出来事を教えてくれました。タイでは、海岸で保護された二頭のジュゴンが、国王次女のシリワンナワリー・ナリラタナ王女が名づけ親になるほどの人気者になったそうです。そのうち一頭が亡くなって解剖したところ、腸内から大量のプラスチックごみが見つかりました。このニュースはタイ全土に大きく報道され、社会に衝撃を与えたのです。この出来事があってから、タイ市民は海洋プラスチック汚染に高い関心を寄せるようになったとのことでした。

もちろん、一つの出来事や映像で市民全体の意識が急に変わるほど、社会は単純ではないでしょう。しかし、ジュゴンがきっかけの一つだったことは間違いありません。なにより、海洋プラスチック汚染に目を向ける土壌が、すでに市民の意識にあったということです。

タイ政府は、薄めのレジ袋や発泡スチロール製の食器、使い捨てのプラスチックカップ、そしてストローを、二〇二二年までに使用禁止とする目標を打ち出しました。バンコクに長らく滞在して、当地での廃棄プラスチック問題を研究している佐々木創教授（中央大学）は、これらの目標は、ほぼ達成できるとの見通しを持っています[156]。

生分解性プラスチックへの懸念

カーショウ博士といえば、海洋プラスチック汚染に取り組む研究者の間では、とても有名です。国連に設けられた専門家会合のうち、海洋プラスチック汚染を扱うワーキンググループでは座長を務めています。会議で何度かご一緒しましたが、大きな体の陽気な人です。それでいて話をすれば、人に対する細やかな気遣いが感じられて、気持ちの良い人です。ただ、生分解性プラスチックには、少し冷淡かもしれません。

ここで、生分解性プラスチックについて、解説しておきましょう。環境中でバクテリアの作用によって分解する、すなわち二酸化炭素や他の無機物に変わってしまうプラスチックのことです。生物からつくられるものもあれば、石油からできる場合もあります。いま出回っているものでは、植物由来のポリ乳酸が知られています。従来のプラスチックに比べて、耐熱性に劣る、成形が難しい、高価といった問題があって、これまでの利用は一部の使い捨て製品に限られてきたようです[1]。分解するのであれば、これは自然の生態系に組み込まれます。確かに、広く製品に用いるには、いまは力不足かもしれません。それでも、これから改良を重ねていけば、いつかプラスチックの代替となる日が来るのでしょうか。

生分解性プラスチックは、海洋ごみを減らすうえで、さほど重要ではない。これが、カーショウ博士が中心となってまとめ、国連環境計画から発表されたレポートの結論です[157]。国連環境計画のウェブサイトは、生分解性プラスチックでは問題の答えにならないと、いささか断定的な見出しでレポートを紹介しています[158]。

レポートで指摘された問題点を三つ紹介しましょう。

一つは、生分解性プラスチックは限られた条件で分解するもので、自然では分解しづらいこと。先ほど例に挙げたポリ乳酸であれば、堆肥のように高温多湿な条件下に置くことで初めて分解が進みます。もともと、海で分解することなど想定していません。海洋ごみの七割がプラスチックである理由の一つは、自然では分解しないことでした。たとえ世界のプラスチックが、すべて生分解性素材に替わっても、このままでは海洋ごみが減ることはないでしょう。

問題点の二つめは、いずれマイクロプラスチックになってしまうこと。改良に改良を重ねて、海で分解する生分解性プラスチックが完成したとしましょう。でも、すぐに分解させるわけにはいきません。海の多様な条件下ですぐに分解するなら、使う間もなく陸上でも分解するはずです。これでは製品になりません。そして、ゆっくりと分解する間に、劣化して波にもまれて、微細片化が進むでしょう。細かくなった生分解性プラスチックには汚染物質が吸着します。また、大量の微細片が生物に誤食されるでしょう。分解までに起こることは、つまるところマイクロプラスチックと同じです。

三つめは、モラルの低下を招くとの懸念です。生分解性と書かれた製品であれば、屋外で捨てることにハードルが下がる。平気で捨てる人が増える。結局はいまより海洋ごみが増えてしまう。大きな体の陽気なカーショウ博士は、人を見る目が細やかで、そして少し悲観的なのです。

プラスチックを選んだのは

海洋プラスチック汚染への懸念が広がるなか、これから世界中でプラスチックごみの適正処理が進むことでしょう。時間はかかるかもしれませんが、そこではわが国のノウハウや経験が役立つはずです。しかし、その間にもプラスチックごみは環境に漏れ続けて、海では汚染が進行するでしょう。そして、結局は最後の一パーセントが残ってしまう。生分解性プラスチックも、まだあてにできない。ならば海洋プラスチック汚染を回避するため、私たちは使い捨てプラスチックを削減するしかありません。

かといって、いきなり使い捨てプラスチックのすべてを使用禁止にはできません。それでは極端な予防原則（コラム5）となって、違うリスクを呼び込む危うさがあるからです。法規制が徹底されて、使い捨てプラスチックが消えた世界を想像してみましょう。ペットボトルの水は、誰が飲んでも清潔で安全なものです。軽くて輸送コストが抑えられ、保存もきくため、地球上のどんな場所にでも届けることができます。ペットボトルのない世界には、汚染された水を飲んで病人の出る国だってあるでしょう。食品包装にプラスチック・フィルムが普及したわけは、それが安価で清潔だったからです。なくなってしまえば、安全な食事を人々に届けることが滞ってしまいます。遠い国のことを考えるまでもありません。自然災害の多いわが国です。避難所にペットボトルやプラスチック容器のお弁当が届く映像は、私たちにとって馴染みあるものです。安価で大量に確保できて、そして清潔なプラスチック容器で提供された水や食事が、多くの人々には心の支えとなったでしょう。

プラスチックを使うことは富裕層の特権ではありません。むしろ逆です。安価なプラスチックは、どんな人にも平等に、安全で快適な暮らしを提供してくれます。これをなくせば、あって負担は経済的な弱者ほど大きくなる。弱者に負担を強いる地球環境問題の解決など、あっていいわけがないでしょう。

もっとも、プラスチックによって健康で快適な暮らしが維持されることの証明は、なかなか難しいかもしれません。研究者は、そうであって当然のことをテーマに選んで、論文にすることがないからです。むしろ、これは経験知や常識の範疇でしょう。「プラスチック時代」[14]への期待があふれた一九四〇年代には、一方で自然界の異物であるプラスチックへの不信感が広がっていました。[159] 燃えやすいセルロイドへの恐怖心から始まって、その後にプラスチックの網やロープに絡まって死んだウミガメや海鳥の写真は、世界中で反響を呼びました。そして、一九八七年には、プラスチックごみの海洋投棄を禁じる国際条約（マルポール条約）が締結されたのです。一九九〇年代に広がったプラスチック製品の添加物、いわゆる環境ホルモンへの懸念を覚えている方は多いでしょう。私たち人類がプラスチックに対する不信感を捨てることはありませんでした。[159] それにもかかわらず、いまもプラスチックの生産量は増え続け、製品は世界にあふれています。不信感に目をつぶっても、私たちはプラスチックを選んだのです。この事実こそ、私たちの安全で快適な暮らしをプラスチックが支えている力強い証明でしょう。

解決へのアプローチ

公害の原点ともいわれる水俣病は、わが国のみならず世界の重い教訓です。その原因物質は、工場から海に排出されたメチル水銀化合物でした。アセトアルデヒドの製造過程で生成される廃棄物です。海に捨てられたメチル水銀化合物は、無害なほどに薄く広がるはずでした。ところが実際は魚介類に生物濃縮されてしまったのです。この魚介類を食べることで、大勢の近隣住民が水銀中毒を起こしました。[160] 汚染物質を突き止め、海への排出を止めるまでの道筋は、決して平坦ではありませんでした。[161] それでも、汚染物質さえ特定できれば、やるべきことは明快です。一刻も早く汚染源からの排出をなくす以外にありません。このような場合であれば、なくすことを社会は強く支持するでしょう。工場と近隣住民では、加害と被害の立場が明らかだからです。また、アセトアルデヒドなるものが消えたところで、私たちの暮らしに（真偽はともかく）さして影響ないように思えるからです。

これが海洋プラスチック汚染ならどうでしょう。加害を与える側は、清潔で快適な暮らしを求めてプラスチックを選んだ私たちです。被害を受けるのは、快適な環境を奪われた私たちと次世代の人々です。そして、生存の権利を脅かされた自然のすべてです。しかし、使い捨てプラスチックをなくして、暮らしに影響がないとは思えません。その負担は、経済的な弱者ほど大きくなるでしょう。立場や世代の違う利害関係者が途方もなく増えて、解決への道筋は明快ではありません。

解決への道筋が錯綜（さくそう）する現代の環境問題を、私たちは、少なくともあと一つ知っています。地球温暖化です。二酸化炭素のような温室効果ガスは、人間の経済活動によって大量に発生するものです。温室効果ガスの排出削減には、いまの経済活動を制限する必要があります。もちろん、私たちの暮らしと無縁の話ではありません。それでも削減しなければ、人為的な気候変動が、私たちや次世代から快適な暮らしを奪う懸念があります。また、自然の生きる権利を脅かす心配があります。

そこで予防原則にしたがって、温室効果ガスの排出削減へと人類は舵を切りました。しかし、どの国も経済活動の制限は最小にしたい。誰がどれだけ削減するかとなれば、話は簡単ではありません。現在は、大勢の研究者が執筆する報告書（ＩＰＣＣレポート）[162]などを参照しつつ、各国の合意を経たパリ協定に基づいて削減目標が立てられています。ちなみに日本の目標は、二〇一三年度から二〇三〇年度までに二六パーセントの削減です[163]。

温暖化と同じく海洋プラスチック汚染もまた、加害と被害が重なり合う現代の環境問題です。ともに人間の出す廃棄物が地球環境を変質させる問題です。ここに、汚染源を断てばすむといった明快さはありません。これから温室効果ガスと同じように、国と国そして社会全体で、プラスチックごみの削減が合意されるべきでしょう。温暖化問題を見れば、合意には時間や手間のかかることがわかります。研究が進めば、それに応じて合意内容を更新することも必要です。これで解決といったゴールは、いったいどこにあるのでしょう。それでもベターな選択は、やはり科学的な証拠と予防原則に基づいた合意形成です。現代の環境問題に対する唯一の、そして確実なアプローチなのです。

二〇一九年に開催された大阪G20サミットでは、先進国と発展途上国を交えて、海洋プラスチック汚染に関する合意形成が計られました。二〇五〇年までに追加的な海洋プラスチック汚染をゼロにする。「大阪ブルー・オーシャン・ビジョン」です[164]。環境中に漏れるプラスチックごみ量のランキング（表5－1）を見てください。先進国だけの合意など、海洋プラスチック汚染の軽減に本質的ではありません。発展途上国を交えての初めての合意は、高く評価されるべきでしょう。それでも、これは出発でしかありません。

まず、追加的な海洋プラスチック汚染をゼロにするとは、まだ目標として曖昧です。ここは、やはり環境中に漏れるプラスチックごみの削減に数値目標を定めるべきです。このため必然として、社会に出回るプラスチック総量の削減が求められるでしょう。これからは、科学的証拠に基づいた、そして弱者に過度の負担を与えない削減計画への合意が必要です。

二〇五〇年という年限に、十分な科学的根拠はありません。まだ科学は、海洋プラスチック汚染の未来を予見できていないのです。海洋生態系にダメージを与えないために、海洋プラスチックごみを、いつまでにどこまで減らす必要があるのか。研究者は、この問いに対する答えを社会に向けて発信しなければなりません。そして、科学的な証拠を積み上げて、この年限を更新し続ける責任があります。証拠を積み上げる研究者は急がねばなりません。マイクロプラスチックが生物にダメージを与えるようになっては、もはや手遅れなのです。

挑戦できる未来に送るエール

ここまで、なぜ海のプラスチックが問題なのか、最新の研究成果を踏まえて解説してきました。このままプラスチック製品を使い続け、そして捨て続ければ、決して楽観できる未来ではありません。しかし、私は悲観もしていません。むしろ、挑戦できる未来を持つことは幸せだと思っています。

一市民として、私は生活スタイルを変える挑戦を楽しんでいます。いずれ社会に出回る使い捨てプラスチックを減らすなら、いまからできる減量に取り組んでおけば得策です。できることからでいいのです。一人一人の出すプラスチックごみが積み上がって、いま大きな環境問題になっています。そうであれば、一人一人の取り組みが積み上がって、大きな力となる道理です。たとえばレジ袋よりエコバッグ。製造や流通の過程でどちらがエネルギーを使うかは、議論の分かれるところでしょう。ただエコバッグが、海洋ごみやマイクロプラスチックになりにくいことは確実です。レジ袋のように海岸に散らばるエコバッグなど見たことがありません。海洋ごみとなってのち長く続く影響を考えれば、エコバッグはレジ袋より環境にやさしいでしょう。環境への影響は、捨てられてからあとも含め、製品の一生を見て判断するものです。そんな判断ができる賢い消費者でありたいと私は思います。天候に恵まれたなら海岸を散歩しましょう。そして、砂を手にすくって注意深く観察してください。いまはきっと、砂に混じったマイクロプラスチックが見つかるはずです（コラム6）。賢い消費が世界に広がって、これからは砂に混じるプラスチックなど、ずいぶんと減らしていきたいものです。

漂着ごみをなくそうと、海岸で清掃活動を続けるＮＰＯや地域の挑戦を応援します。たとえきれいに片付けたところで、プラスチックごみは次から次へと海岸に押し寄せます。海岸清掃は、いつ終わるとも知れない地味で大変な作業です。ところで、マイクロプラスチック一粒の重さは、どの程度かご存じでしょうか。サイズを一ミリメートルとしましょう。前と同じように、これを直径とする円柱に近似すれば、正解は約〇・一ミリグラムです（高さはサイズの一〇パーセントで、比重は一として)。いま北太平洋には、一平方キロメートルあたり平均して約一〇万個のマイクロプラスチックが浮いています。一粒が〇・一ミリグラムなら、合わせて一〇グラムほどです。ここで、みなさんが海岸で一〇グラムのプラスチックごみを拾ったとしましょう。ペットボトルの半分程度です。きっと片手で拾えるはずです。しかし重量を考えれば、北太平洋で一キロメートル四方に浮かぶマイクロプラスチックを、一気に回収するのと同じなのです。いつ終わるとも知れない地味で大変な作業が、そう考えれば何だか雄大ではありませんか。海岸清掃は海岸をきれいにするだけでなく、マイクロプラスチックの発生を未然に防いでいます。

産業界の挑戦に期待します。これまで環境問題といえば、経済活動のブレーキでした。もちろんブレーキは必要です。それが水俣の教訓です。しかし、これからの経済活動では、環境問題がアクセルになるかもしれません。便利さや効率以上に、環境への配慮を製品に求める消費者が増えたからです。増えたからこそ、海洋プラスチック汚染への懸念が、発展途上国を含め世界に広がったのでしょう。いままで以上に、多くの人々が共感したのだと思います。賢い消費者のつくる市場が成長を続ければ、経済活動も変わらざるを得ません。でもそれは、きっと大きなチャンスです。たとえばプラスチック。成長を続ける新たな市場が、プラスチックに替わる新素材を求めています。清潔で快適な暮らしを支えてきたプラスチックの代替です。これから、どれほど大きな需要となるでしょう。柔軟で頑丈なのに、海水に触れた途端に分解して、氷のように溶けてしまう新素材。あるいは絶対に破砕しない、それでいて安価なプラスチック。カーショウ博士を唸(うな)らせる次世代型の生分解性プラスチック。そんな魔法のようなことができるものか。プラスチックの専門家に叱られそうです。しかし、よくできた科学技術は、いつも魔法と区別がつきません。[165] わが国の産業界は、賢い消費者がつくる市場の成長に、しっかりと向き合って欲しいものです。

若い世代による未来の挑戦が楽しみです。これから新素材の開発には時間がかかります。これをやりとげるのは、いまはまだ若い技術者や学生たちの世代かもしれません。新素材だけではありません。プラスチックごみの一パーセントは環境中に漏れるもの。これは案外と、私のような経験を重ねた大人の悲観にすぎないかもしれません。これを〇・一パーセントに下げる画期的な廃棄物管理を、次世代の知恵に期待したいと思います。地味な海岸清掃であっても次世代に引き継がねばなりません。賢い消費を世界に広げる挑戦も、まだまだ先に続きそうです。挑戦する若い世代には、きっと成功体験を重ねた大人ほど否定的です。そこで諦めてしまう人もいるでしょう。ところで、先に述べた「よくできた科学技術は魔法と」は、有名な「クラークの法則」の一部です。英国出身の作家で科学者でもあった、アーサー・C・クラークが提案したものです。この法則にある別の一節を引用して、本章を締めくくりたいと思います。「年老いた高名な科学者ができるといえば、それは必ずできる。できないといえば、それはできることが非常に多い[165]」。

コラム6

海岸でマイクロプラスチックを調査しよう

天候に恵まれたなら海岸へ出かけましょう。海岸でのマイクロプラスチックの観察は、決して難しくありません。学校教育や市民調査の良い題材ではないでしょうか。

準備するものは、バケツ二つと園芸用のシャベル、ピンセット、金魚や熱帯魚をすくう小型の網（目あいが二ミリメートル程度だとベスト）、シャーレ（小皿）、目あいが五ミリメートル程度の篩（ふるい）です。篩がなければ、お手元にあるステンレス製の水切りざるでも構いません。そして拡大鏡か顕微鏡、それとクッキングスケールなどの重さばかりがあれば良いでしょう。

まず、直近の満ち潮で打ち上がった海藻や漂着物の帯を見つけましょう。続いて、海藻や漂着物を取り除き、周りの砂をシャベルですくい取ります（写真5－2）。

ここで、砂を一日置いて天日で乾燥させておけば、とても良いデータになります。乾燥させたら砂の重量を測っておきましょう。続いて砂を篩に乗せ、よく振りながらバケツに移します。五ミリメートルをサイズの上限とするマイクロプラスチックが、バケツに移した砂に

写真 5-2　砂浜からのマイクロプラスチック採取

写真 5-3　バケツに海水を注ぎ込んでマイクロプラスチックを浮上させる

混じっているはずです。

空のバケツに海水を汲み取り、砂を移したバケツに注ぎ込みます（写真5－3）。マイクロプラスチックは、多くがポリエチレンやポリプロピレンといった海水より軽い素材です。バケツの中に海水を注ぎ込んで、砂ごと手で混ぜれば、色とりどりのプラスチック片が、水面に浮いてくるでしょう。海岸によっては発泡スチロールの粒が多いかもしれません。

次に、バケツの中で海水が止まるのを待って、水面に浮いたプラスチック片らしき微細片を、できる限り網ですくい取りましょう。すくい取った微細片を、ピンセットを利用して注意深くシャーレなど小皿に移し、拡大鏡でのぞいてください。よほど小さなものは顕微鏡を使えば良いでしょう。拡大することで、プラスチックの判別が可能です。ただし、サイズが二ミリメートルより大きな破片を選びましょう。これより小さければ、プラスチックと、生物や鉱物の破片を、眼で判別することが難しくなるためです[166]。目あいが二ミリメートル程度の網ですくい取っておけば、もとより大きい破片だけなので選ぶ手間が省けます。赤や黄など人工的な色か、尖った角や直線の縁を持つか、光沢があるか、ピンセットで擦って粉状の剥離物が出てこないか、生物らしき規則正しい文様が表面に現れていないか、糸であれば太さにばらつきがないか、プラスチックと判別するための基準を決めて、あらかじめ観察する人たちで共有しておきましょう。[84][167] プラスチックと判定できた微細片が、マイクロプラスチックです。

最後に、取り出したマイクロプラスチックの個数を、最初に計った砂の重量で割りましょう。砂を乾燥させておけば、砂に含まれる水分に重量が左右されません。こうして、「乾燥した一キログラムの砂に含まれる個数」などにしておけば、別の日や場所でとった調査記録と比較できて便利です。もちろん、マイクロプラスチックを観察するだけでも、十分に意味のあることです。この場合は、砂を乾燥させて重量を計る必要はありません。

おわりに

査読を経て国際学術誌に発表した話以外は書かない。そう化学同人の津留貴彰さんに申し上げて、ご賛同をいただき、この本の執筆は始まりました。ただ第五章は別です。もちろん、引用した数値や事実は正しいものです。しかし、そこから引き出した私の論考は、査読を経た論文に発表したものではありません。どうすれば海洋プラスチック汚染を軽減できるのか、研究を重ねつつ私なりに考えた道筋を、初めて本書でまとめたものです。私の専門である海洋学から、一歩も二歩も外へ踏み出した内容になっています。査読者は読者のみなさんです。賛同できる箇所もあれば、異なる考えも浮かぶでしょう。いずれ第四章までの内容が、みなさんが道筋を考えるにあたって、良い材料となれば幸いです。

一つ気になっていることがあります。本書は、五島列島や石垣島の海洋漂着ごみの話から始まりました。だからといって、これらの島々が、プラスチックごみだらけなんて誤解しないでください。福江島の高浜海岸や石垣島の川平湾など、いまでも夢のように美しいところです。

ただ、素晴らしい景色や料理を堪能したあと、観光地から少し離れた海岸に足を伸ばしてはいかがでしょうか。エコツーリズムのガイドさんに連れていってもらうと良いでしょう。海岸清掃が行き届かず、残ってしまったプラスチックごみを目にするはずです。足元の砂にはマイクロプラスチックが混じっているでしょう。美しい海岸は、美しさを守る努力あってこそ成り立つことが実感できます。

本書で紹介した私たちグループの研究ができたのは、環境省の環境研究総合推進費（D-071、B-1007、4-1502、SII-2）をいただいたおかげです。また、国際協力機構と科学技術振興機構のＳＡＴＲＥＰＳ研究費は、いま東南アジアへと展開する私たちの研究を支援してくれています。関係各位に深く感謝します。愛媛大学と九州大学で研究を支えてくれた研究室スタッフのみなさん、ともに学んだ学生諸君、共同研究者のみなさん、そして応援してくれる家族に感謝します。本書で用いた図表のためデータを提供いただいた片岡智哉博士（図1

－3）と環境省（表1－1）に感謝します。それぞれの記述について、アルゴフロートでは佐藤佳奈子博士、海鳥の誤食では山下麗博士、プラスチックの親油性では中島悦子博士、南極調査では内山（松本）香織研究員の助言を仰ぎました。もちろん、内容に誤りがあれば、助言を咀嚼（そしゃく）できなかった私の責任です。最後に本書執筆を勧めてくださった、化学同人の津留貴彰さんに感謝します。代表者として多くの研究プロジェクトを回しつつ、実験や船に乗っての調査そして論文執筆に忙しい私は、勧めがなければ本書のような解説書を書く機会はなかったはずです。でも、いまは書いて良かったと思います。

二〇二〇年四月

磯辺　篤彦

(166) Isobe, A. et al., "An interlaboratory comparison exercise for the determination of microplastics in standard sample bottles", *Marine Pollution Bulletin*, **146**, 831-837 (2019).
(167) Hidalgo-Ruz, V., L. Gutow, R. C. Thompson, and M. Thiel, "Microplastics in the marine environment: A review of the methods used for identification and quantification", *Environmental Science and Technology*, **46**, 3060-3075 (2012).

備えるのか』（田沢恭子 訳）みすず書房（2012）.
（152）野家啓一『科学哲学への招待』筑摩書房（2015）.

第五章

（153）Jambeck, J. R., R. Geyer, C. Wilcox, T. R. Siegler, M. Perryman, A. Andrady, R. Narayan, and K. L. Law, "Data S1", *Science*. http://www.sciencemag.org/content/347/6223/768/suppl/DC1（2020 年 4 月 12 日閲覧）
（154）UNEP, Single-use plastics: A roadmap for sustainability（2018）.
（155）熊捕崇将「レジ袋削減政策の経済分析」『ソシオサイエンス』, **16**, 95-110（2010）.
（156）佐々木創「もつれたマリンプラスチックごみ問題をタイで考える」, NPO 法人国際環境経済研究所. http://ieei.or.jp/2019/11/expl191119/（2020 年 4 月 12 日閲覧）
（157）UNEP, Biodegradable plastics and marine litter. Misconceptions, concerns and impacts on marine environments（2015）.
（158）UNEP, https://www.unenvironment.org/news-and-stories/story/biodegradable-plastics-are-not-answer-reducing-marine-litter-says-un（2020 年 4 月 12 日閲覧）
（159）遠藤徹『プラスチックの文化史―可塑性物質の神話学』水声社（2000）.
（160）政野淳子『四大公害病―水俣病，三型水俣病，イタイイタイ病，四日市公害』中央公論新社（2013）.
（161）原田正純『水俣病』岩波書店（1972）.
（162）IPCC, "Climate Change 2013: The Physical Science Basis. Contribution of Working Group I to the Fifth Assessment Report of the Intergovernmental Panel on Climate Change [Stocker, T. F., D. Qin, G.-K. Plattner, M. Tignor, S. K. Allen, J. Boschung, A. Nauels, Y. Xia, V. Bex and P. M. Midgley (eds.)]", Cambridge University Press（2013）.
（163）環境省，日本の約束草案. https://www.env.go.jp/earth/ondanka/ghg/2020.html（2020 年 4 月 12 日閲覧）
（164）外務省，海洋プラスチックごみ. https://www.mofa.go.jp/mofaj/ic/ge/page23_002892.html（2020 年 4 月 12 日閲覧）
（165）Clarke, A. C., *Profiles of the future: An inquiry into the limits of the possible*（millennium edition）, Victor Gollancz（1999）.

Environmental Science and Technology, **50**, 8849-8857 (2016).
(140) Lee, K. W., W. J. Shim, O. Y. Kwon, and J. H. Kang, "Size-dependent effects of micro polystyrene particles in the marine copepod *Tigriopus japonicas*", *Environmental Science and Technology*, **47**, 11278-11283 (2013).
(141) Au, S. Y., T. F. Bruce, W. C. Bridges, and S. J. Klaine, "Responses of *Hyalella azteca* to acute and chronic microplastic exposure", *Environmental Toxicology and Chemistry*, **34**, 2564-2572 (2015).
(142) Rehse, S., W. Kloas, and C. Zarfl, "Short-term exposure with high concentrations of pristine microplastic particles leads to immobilisation of *Daphnia magna*", *Chemosphere*, **153**, 91-99 (2016).
(143) Booth, A. M., B. H. Hansen, M. Frenzel, H. Johnsen, and D. Altin, "Uptake and toxicity of methylmethacrylate-based nanoplastic particles in aquatic organisms", *Environmental Toxicology and Chemistry*, **35**, 1641-1649 (2016).
(144) Kim, D., Y. Chae, and Y. J. An, "Mixture Toxicity of Nickel and Microplastics with Different Functional Groups on *Daphnia magna*", *Environmental Science and Technology*, **51**, 12852-12858 (2017).
(145) Lal, D., "The oceanic microcosm of particles", *Science*, **198**, 997-1009 (1977).
(146) Iwamoto, Y. and M. Uematsu, "Spatial variation of biogenic and crustal elements in suspended particulate matter from surface waters of the North Pacific and its marginal seas", *Progress in Oceanography*, **126**, 211-223 (2014).
(147) Burton, Jr., G. A., "Stressor exposures determine risk: So, why do fellow scientists continue to focus on superficial microplastic risk?", *Environmental Science and Technology*, **51**, 13515-13516 (2017).
(148) Hale, R. C., "Are the risks from microplastics truly trivial?", *Environmental Science and Technology*, **52**, 931-931 (2018).
(149) Mattsson, K., E. V. Johnson, A. Malmendal, S. Linse, L.-A. Hansson, and T. Cedervall, "Brain damage and behavioural disorders in fish induced by plastic nanoparticles delivered through the food chain", *Scientific Reports*, **7**, 11452 (2017).
(150) 北村喜宣『環境法』有斐閣 (2015).
(151) キャス・サンスティーン『最悪のシナリオ—巨大リスクにどこまで

stress", *Scientific Reports*, **3**, 3263 (2013).

(131) Besseling, E., B. Wang, M. Lürling, and A. A. Koelmans, "Nanoplastic affects growth of S. obliquus and reproduction of D. magna", *Environmental Science and Technology*, **48**, 12336-12343 (2014).

(132) Browne, M. A., S. J. Niven, T. S. Galloway, S. J. Rowland, and R. C. Thompson, "Microplastic moves pollutants and additives to worms, reducing functions linked to health and biodiversity", *Current Biology*, **23**, 2388-2392 (2013).

(133) Rist, S. E., K. Assidqi, N. P. Zamani, D. Appel, M. Perschke, M. Huhn, and M. Lenz, "Suspended micro-sized PVC particles impair the performance and decrease survival in the Asian green mussel *Perna viridis*", *Marine Pollution Bulletin*, **111**, 213-220 (2016).

(134) Silva, P. P. G. E., C. R. Nobre, P. Resaffe, C. D. S. Pereira, and F. Gusmão, "Leachate from microplastics impairs larval development in brown mussels", *Water Research*, **106**, 364-370 (2016).

(135) Tosetto, L., C. Brown, and J. E. Williamson, "Microplastics on beaches: ingestion and behavioural consequences for beachhoppers", *Marine Biology*, **163**, 199 (2016).

(136) Yeo, B. G., H. Takada, R. Yamashita, Y. Okazaki, K. Uchida, T. Tokai, K. Tanaka, and N. Trenholm, "PCBs and PBDEs in microplastic particles and zooplankton in open water in the Pacific Ocean and around the coast of Japan", *Marine Pollution Bulletin*, **151**, 110806 (2020).

(137) Martinez-Gomez, C., V. M. Leon, S. Calles, M. Gomariz-Olcina, and A. D. Vethaak, "The adverse effects of virgin microplastics on the fertilization and larval development of sea urchins", *Marine Environmental Research*, **130**, 69-76 (2017).

(138) Kaposi, K. L., B. Mos, B. P. Kelaher, and S. A. Dworjanyn, "Ingestion of microplastic has limited impact on marine larva", *Environmental Science and Technology*, **48**, 1638-1645 (2014).

(139) Jeong, C. B., E. J. Won, H. M. Kang, M. C. Lee, D. S. Hwang, U. K. Hwang, B. Zhou, S. Souissi, S. J. Lee, and J. S. Lee, "Microplastic size-dependent toxicity, oxidative stress induction and and p-JNK and p-p38 Activation in the Monogonont Rotifer (*Brachionus koreanus*)",

crustacean *Nephrops norvegicus*", *Marine Pollution Bulletin*, **62**, 1207-1217 (2011).
(121) Devriese, L. I., M. D. van der Meulen, T. Maes, K. Bekaert, I. Paul-Pont, L. Frère, J. Robbens, and A. D. Vethaak, "Microplastic contamination in brown shrimp (*Crangon crangon*, Linnaeus 1758) from coastal waters of the southern North Sea and channel area", *Marine Pollution Bulletin*, **98**, 179-187 (2015).
(122) Frias, J. P. G. L., V. Otero, and P. Sobral, "Evidence of microplastics in samples of zooplankton from Portuguese coastal waters", *Marine Environmental Research*, **95**, 89-95 (2014).
(123) Desforges, J.-P. W., M. Galbraith, and P. S. Ross, "Ingestion of microplatics by zooplankton in the northeast Pacific Ocean", *Archives of Environmental Contamination and Toxicology*, **69**, 320-330 (2015).
(124) Santana, M. F. M., F. T. Moreira, and A. Turra, "Trophic transference of microplastics under a low exposure scenario: Insights on the likelihood of particle cascading along marine food-webs", *Marine Pollution Bulletin*, **121**, 154-159 (2017).
(125) Farrell, P. and K. Nelson, "Trophic level transfer of microplastic: *Mytilus edulis* (L.) to *Carcinus maenas* (L.)", *Environmental Pollution*, **177**, 1-3 (2013).
(126) Setälä, O., V. Fleming-Lehttinen, and M. Lehtiniemi, "Ingestion and transfer of microplastics in the planktonic food web", *Environmental Pollution*, **185**, 77-83 (2014).
(127) Write, S. L. and F. J. Kelly, "Plastic and human health: A micro issue?", *Environmental Science and Technology*, **51**, 6634-6647 (2017).
(128) Mato, Y., T. Isobe, H. Takada, H. Kanehiro, C. Ohtake, and T. Kaminuma, "Plastic resin pellets as a transport medium for toxic chemicals in the marine environment", *Environmental Science and Technology*, **35**, 318-324 (2001).
(129) de Sá, L. C., M. Olivera, F. Ribeiro, T. L. Rocha, and M. N. Futter, "Studies of the effects of microplastics on aquatic organisms: What do we know and where should we focus our effort in the future?", *Science of the Total Environment*, **645**, 1029-1039 (2018).
(130) Rochman, C. M., E. Hoh, T. Kurobe, and S. J. Teh, "Ingested plastic transfers hazardous chemicals to fish and induced hepatic

marine snows in microplastic fate and bioavailability", *Environmental Science and Technology*, **52**, 7111-7119 (2018).
(112) Tura, A., A. B. Manzano, R. J. S. Dias, M. M. MAhiques, L. Barbosa, D. Balthazar-Silva, and F. T. Moreira, "Three-dimensional distribution of plastic pellets in sandy beaches: shifting paradigms", *Scientific Reports*, **4**, 4435 (2014).
(113) Obbard, R. W., S. Sadri, Y. Q. Wong, A. A. Khitun, I. Barer, and R. C. Thompson, "Global warming releases microplastic legacy frozen in Arctic Sea ice", *Earth's Future*, **2**, 315-320 (2014).
(114) Peerkin, I., S. Primpke, B. Beyer, J. Güterman, C. Katlein, T. Krumpen, M. Bergmann, L. Hehemann, and G. Gerdts, "Arctic sea ice is an important temporal sink and means of transport for microplastic", *Nature Communications*, **9**, 1505 (2018).
(115) Cózar, A. et al. "The Arctic Ocean as a dead end for floating plastics in the North Atlantic branch of the thermohaline circulation", *Science Advances*, **3**, e1600582 (2017).
(116) Cincinelli, A., C. Scopetani, D. Chelazzi, E. Lombardini, T. Martellini, A. Katsoyiannis, M. C. Fossi, and S. Corsolini, "Microplastic in the surface waters of the Ross Sea (Antactica): Ocurrence, distribution and characterization by FTIR", *Chemosphere*, **175**, 391-400 (2017).

第四章

(117) Rochman, C. M., A. Tahir, S. L. Williams, D. V. Baxa, R. Lam, J. T. Miller, F.-C. Teh, S. Werorilangi, and S. J. The, "Anthropogenic debris in seafood: Plastic debris and fibers from textiles in fish and bivalves sold for human consumption", *Scientific Reports*, **5**, 14340 (2015).
(118) Tanaka, K. and H. Takada, "Microplastic fragments and microbeads in digestive tracts of planktivorous fish from urban coastal waters", *Scientific Reports*, **6**, 34351 (2016).
(119) Van Cauwenberghe, L. and C. R. Janssen, "Microplastics in bivalves cultured for human consumption", *Environmental Pollution*, **193**, 65-70 (2014).
(120) Murray, F. and R. Cowie, "Plastic contamination in the decapod

(101) Eriksen, M., Lebreton, L. C. M., H. S. Carson, M. Thiel, C. J. Moore, J. C. Borerro, F. Galgani, P. G. Ryan, and J. Reisser, “Plastic pollution in the world’s oceans: More than 5 trillion plastic pieces weighing over 250,000 tons aloft at sea”, *PLoS ONE*, **9**(**12**), e111913 (2014).

(102) Kubota, M., “A mechanism for the accumulation of floating marine debris north of Hawaii”, *Journal of Physical Oceanography*, **24**, 1059-1064 (1994).

(103) チャールズ・モア，カッサンドラ・フィリップス『プラスチックスープの海―北太平洋巨大ごみベルトは警告する』(海輪由香子 訳) NHK出版 (2012).

(104) Isobe. A., S. Iwasaki, K. Uchida, and T. Tokai “Abundance of non-conservative microplastics in the upper ocean from 1957 to 2066”, *Nature Communications*, **10**, 417 (2019).

(105) Isobe, A., K. Uchiyama-Matsumoto, K. Uchida, and T. Tokai “Microplastics in the Southern Ocean”, *Marine Pollution Bulletin*, **114**, 623-626 (2017).

(106) Barnes, D. K. A., F. Galgani, R. C. Thompson, and M. Barlaz, “Accumulation and fragmentation of plastic debris in global environments”, *Philosophical Transactions of the Royal Society B*, **364**, 1985-1998 (2009).

(107) Long, M., B. Moriceau, M. Gallinari, C. Lambert, A. Huvet, J. Raffray, and P. Soudant, “Interactions between microplastics and phytoplankton aggregates: Impact on their respective fates”, *Marine Chemistry*, **175**, 39-46 (2015).

(108) Kaiser, D., N. Kowalski, and J. J. Waniek, “Effects of biofouling on sinking behavior of microplastics”, *Environmental Research Letters*, **12**, 124003 (2017).

(109) Katija, K., C. A. Choy, R. E. Sherlock, A. D. Sherman, and B. H. Robinson, “From the surface to the sea floor: How giant larvaceans transport microplastics in the deep sea”, *Science Advances*, **3**, e1700715 (2017).

(110) Michels, J., A. Stippkugel, M. Lenz, K. Wirtz, and A. Engel, “Rapid aggregation of biofilm-covered microplastics with marine biogenic particles”, *Proceedings of the Royal Society B*, **285**, 20181203 (2018).

(111) Porter, A., B. P. Lyons, T. S. Galloway, and C. Lewis, “Role of

(90) Enders, K., R. Lenz, C. A. Stedmon, and T. G. Nielsen, "Abundance, size, and polymer composition of marine microplastics ≥ 10 μm in the Atlantic Ocean and their modelled vertical distribution", *Marine Pollution Bulletin*, **100**, 70-81 (2015).
(91) Song, Y. K., S. H. Hong, S. Eo, M. Jang, G. M. Han, A. Isobe, and W. J. Shim, "Horizontal and vertical distribution of microplastics in Korean coastal waters", *Environmental Science and Technology*, **52**, 12188-12197 (2018).
(92) Brandon, J. A., W. Jones, and M. K. Ohman, "Multidecadal increase in plastic particles in coastal ocean sediments", *Science Advances*, **5**, eaax0587 (2019).
(93) Lusher, A. L., G. Hernandez-Milan, J. O'Brien, S. Berrow, I. O'Connor, and R. Officer, "Microplastic and macroplastic ingestion by a deep diving, oceanic cetacean: The true's beaked whale *Mesoplodon mirus*", *Environmental Pollution*, **199**, 185-191 (2015).
(94) Neves, D., P. Sobral, J. L. Ferreira, and T. Pereira, "Ingestion of microplastics by commercial fish off the Portuguese coast", *Marine Pollution Bulletin*, **101**, 119-126 (2015).
(95) Sun, X., Q. Li, M. Zhu, J. Liang, S. Zheng, and Y. Zhao, "Ingestion of microplastics by natural zooplankton groups in the northern South China Sea", *Marine Pollution Bulletin*, **115**, 217-224 (2017).
(96) 環境省, パンフレット・マニュアル・ガイドライン・海ごみ調査報告書. http://www.env.go.jp/water/marine_litter/pamph.html (2020年4月10日閲覧)
(97) Isobe, A., K. Uchida, T. Tokai, and S. Iwasaki, "East Asian seas: a hot spot of pelagic microplastics", *Marine Pollution Bulletin*, **101**, 618-623 (2015).
(98) Kukulka, T., G. Proskurowski, S. Morét-Ferguson, D. W. Meyer, and K. Law, "The effect of wind mixing on the vertical distribution of buoyant plastic debris", *Geophysical Research Letters*, **39**, doi:10.1029/2012GL051116 (2012).
(99) Kooi, M. et al., "The effect of particle properties on the depth profile of buoyant plastics in the ocean", *Scientific Report*, **6**, 33882 (2016).
(100) Cózar, A. et al., "Plastic debris in the open ocean", *PNAS*, **111**, 10239-10244 (2014).

Marine Pollution Bulletin, **42**, 1297-1300 (2001).
(80) Lattin, G. L., C. J. Moore, A. F. Zellers, S. L. Moore, and S. B. Weisberg, "A comparison of neustonic plastic and zooplankton at different depths near the southern California shore", *Marine Pollution Bulletin*, **49**, 291-294 (2004).
(81) Thompson, R. C., Y. Olsen, R. P. Mitchell, A. Davis, S. J. Rowland, A. W. G. John, D. McGonigle, and A. E. Russell, "Lost at sea: Where is all the plastic?", *Science*, **304**, 838 (2004).
(82) Iva do Sul, J. A., Â, Spengler, and M. F. Costa, "Here, there and everywhere. Small plastic fragments and pellets on beaches of Fernando de Noronha (equatorial western Atlantic)", *Marine Pollution Bulletin*, **58**, 1229-1244 (2009).
(83) Isobe, A., K. Kubo, Y. Tamura, S. Kako, E. Nakashima, and N. Fujii "Selective transport of microplastics and mesoplastics by drifting in coastal waters", *Marine Pollution Bulletin*, **89**, 324-330 (2014).
(84) Masura, J., J. B. Baker, G. Foster, and C. Arthur, "Laboratory methods for the analysis of microplastics in the marine environment: recommendation for quantifying synthetic particles in waters and sediments", NOAA Technical memorandum NOS-OR&R-48, 31 (2015).
(85) Galgani, F. et al., "Guideline on monitoring of marine litter in European seas", EUR-Scientific and Technical Research series, European Commission (2013).
(86) GESAMP, "Guidelines for the monitoring and assessment of plastic litter in the ocean", United Nations Environment Programme (2019).
(87) Michida, Y. et al., "Guidelines for harmonizing ocean surface microplastic monitoring methods", Ministry of the Environment, Japan (2019).
(88) Shim, W. J., S. H. Hong, and S. Eo, "Marine microplastics: abundance, distribution, and composition", In: Zeng, E. Y. (ed.), *Microplastic contamination in aquatic environment: A emerging matter of environmental urgency*, Elsevier (2018).
(89) Reisser, J., B. Slat, K. Noble, K. du Plessis, M. Epp, M. Proiett, J. de Sonneville, T. Becker, and C. Pattiaratchi, "The vertical distribution of buoyant plastics at sea: an observational study in the North Atlantic Gyre", *Biogeoscience*, **12**, 1249-1256 (2015).

substances in mixed plastic from waste electrical and electronic equipment", *Environmental Science and Technology*, **46**, 628-635 (2012).
(69) Nakashima, E., A. Isobe, S. Kako, T. Itai, S. Takahashi, and X. Guo, "The potential of oceanic transport and onshore leaching of additive-derived lead by marine macro-plastic debris", *Marine Pollution Bulletin*, **107**, 333-339 (2016).
(70) 環境省，日本海沿岸地域等への廃ポリタンク，医療系廃棄物及び特定漁具の大量漂着．https://www.env.go.jp/water/marine_litter/jpn_sea.html（2020年4月9日閲覧）
(71) Isobe, A., M. Ando, T. Watanabe, T. Senjyu, S. Sugihara, and A. Manda, "Freshwater and Temperature transports through the Tsushima-Korea Straits", *Journal of Geophysical Research-Oceans*, **107(C7)**, 10.1029/2000JC000702 (2002).
(72) Isobe, A., "Ballooning of river-plume bulge and its stabilization by tidal currents", *Journal of Physical Oceanography*, **35**, 2337-2351 (2005).
(73) Isobe, A., S. Kako, and S. Iwasaki, "Synoptic scale atmospheric motions modulated by spring phytoplankton bloom in the Sea of Japan", *Journal of Climate*, **27**, 7587-7602 (2014).

第三章

(74) Cole, M., P. Lindeque, C. Halsband, and T. S. Galloway, "Microplastics as contaminant in the marine environment: A review", *Marine Pollution Bulletin*, **62**, 2588-2597 (2011).
(75) UNEP, Plastic in cosmetics. https://wedocs.unep.org/bitstream/handle/20.500.11822/21754/PlasticinCosmetics2015Factsheet.pdf（2020年4月9日閲覧）
(76) Isobe, A "Percentage of microbeads in pelagic microplastics within Japanese coastal waters", *Marine Pollution Bulletin*, **110**, 432-437 (2016).
(77) Carpenter, E. J. and K. L. Smith Jr., "Plastics on the Sargasso Sea surface", *Science*, **175**, 1240-1241 (1972).
(78) Barboza, L. G. A. and B. C. G. Gimenez, "Microplastics in the marine environment: Current trends and future perspectives", *Marine Pollution Bulletin*, **97**, 5-12 (2015).
(79) Moore, C. J., S. L. Moore, M. K. Leecaster, and S. B. Weisberg, "A comparison of plastic and plankton in the North Pacific central gyre",

Biology Letters, **8**, 817-820 (2012).
(59) 水川薫子，高田秀重『環境汚染化学―有機汚染物質の動態から探る』丸善出版 (2015).
(60) Iwata H., S. Tanabe, N. Sakai, A. Nishimura, and R. Tatsukawa, "Geographical distribution of persistent organochlorines in air, water and sediments from Asia and Oceania, and their implications for global redistribution from lower latitudes", *Environmental Pollution*, **85**, 15-33 (1994).
(61) Yamashita, R., H. Takada, M. Fukuwaka, and Y. Watanuki, "Physical and chemical effects of ingested plastic debris on short-tailed shearwaters Puffinus tenuirostris, in the North Pacific Ocean", *Marine Pollution Bulletin*, **62**, 2845-2849 (2011).
(62) 山下麗「北太平洋におけるプラスチック汚染と海鳥への影響に関する研究」，北海道大学博士論文 (2008).
(63) Endo, S., R. Takizawa, K. Okuda, H. Takada, K. Chiba, H. Kanehiro, H. Ogi, R. Yamashita, and T. Date, "Concentration of polychlorinated biphenyls (PCBs) in beached resin pellets: Variability among individual particles and regional differences", *Marine Pollution Bulletin*, **50**, 1103-1114 (2005).
(64) Teuten, E. L. et al., "Transport and release of chemicals from plastics to the environment and to wildlife", *Philosophical Transactions of the Royal Society B*, **364**, 2027-2045 (2009).
(65) Nakashima, E., A. Isobe, S. Kako, T. Itai, and S. Takahashi, "Quantification of toxic metals derived from macroplastic litter on Ookushi beach, Japan", *Environmental Science and Technology*, **46**, 10099-10105 (2012).
(66) The European Parliament and of the Council, "Directive 2002/96/EC of the European Parliament and of the Council on the restriction of the use of certain hazardous substances in electrical and electronic equipment", *Official Journal of the European Union*, **37**, 19-23 (2003).
(67) Becker, M., S. Edwards, and I. R. Massey, "Toxic chemicals in toys and children's products: Limitations of current responses and recommendations for government and industry", *Environmental Science and Technology*, **44**, 7986-7991 (2010).
(68) Wäger, A. P., M. Schluep, E. Muller, and R. Gloor, "RoHS regulated

impacts on sea turtles in southern Brazil", *Marine Pollution Bulletin*, **42**, 1330–1334 (2001).
(48) Santos, R. G., R. Andrades, M. A. Boldrini, and A. S. Martins, "Debris ingestion by juvenile marine turtles: An underestimated problem", *Marine pollution Bulletin*, **93**, 37–43 (2015).
(49) Henderson, J. R. "A pre- and post-Marpol Annex V summary of Hawaiian Monk Seal entanglements and marine debris accumulation in the northwestern Hawaiian Islands, 1982–1998", *Marine Pollution Bulletin*, **42**, 584–589 (2001).
(50) Stewart, B. S. and P. K. Yochem, "Pinniped entanglement in synthetic materials in the southern California Bight", In: Shomura, S. and M. L. Godfrey (eds.), Proceedings of the second international conference on marine debris, 2–7 April 1989, Honolulu, Hawaii, U.S. Dep. Commer., NOAA Tech. Memo. NMFS, NOAA-TM-NMFS-SWFSC-154 (1990).
(51) Waluda, C. W. and I. J. Staniland, "Entanglement of Antarctic fur seals at Bird Island, South Georgia", *Marine Pollution Bulletin*, **74**, 244–252 (2013).
(52) Flower, C. W., "Marine debris and northern fur seals: A case study", *Marine Pollution Bulletin*, **18**, 326–335 (1987).
(53) Croxall, J. P., S. Rodwell, and I. L. Boyd, "Entanglement in man-made debris of Antarctic fur seals at Bird Island, South Georgia", *Marine Mammal Science*, **6**, 221–233 (1990).
(54) Pemberton, D., N. P. Brothers, and R. Kirkwood, "Entanglement of Australian fur seals in man-made debris in Tasmanian waters", *Wildlife Research*, **19**, 151–159 (1992).
(55) レイチェル・カーソン『沈黙の春』（青木簗一 訳）新潮社（1974).
(56) Barnes, D. K. A., "Invasions by marine life on plastic debris", *Nature*, **416**, 808–809 (2002).
(57) Anderson, N. M. and L. Cheng, "The marine insect *Halobates* (Heteroptera: Gerridae): biology, adaptations, distribution, and phylogeny", *Oceanography and Marine Biology: An Annual Review 2004*, **42**, 119–180 (2004).
(58) Goldstein, M. C., M. Rosenberg, and L. Cheng, "Increased oceanic microplastic debris enhances oviposition in an endemic pelagic insect",

(eds.), *Marine Debris-Sources, Impacts and Solutions*, Springer-Verlag (1997).
(36) Gall, S. C. and R. C. Thompson, "The impact of debris on marine life", *Marine Pollution Bulletin*, **92**, 170-179 (2015).
(37) Petit T. N., G. T. Grant, and G. C. Whittow "Ingestion of Plastics by Laysan Albatross", *Auk*, **98**, 839-841 (1981).
(38) 柳哲雄『潮目の科学―沿岸フロント域の物理・化学・生物過程』恒星社厚生閣 (1990).
(39) Ryan, P. G., "The incidence and characteristics of plastic particles ingested by seabirds", *Marine Environment Research*, **23**, 175-206 (1987).
(40) Robards, M. D., J. F. Piatt, and K. D. Wohl, "Increasing frequency of plastic particles ingested by seabirds in the subarctic North Pacific", *Marine Pollution Bulletin*, **30**, 151-157 (1995).
(41) Savoca, M. S, M. E. Wohlfeil, S. E. Ebeler, and G. A. Nevitt, "Marine plastic debris emits a keystone infochemical for olfactory foraging seabirds", *Science Advances*, **2**, e1600395 (2016).
(42) Wilcox, C., E. Van Sebille, and B. D. Hardesty, "Threat of plastic pollution to seabirds is global, pervasive, and increasing", *PNAS*, **112**, 11899-11904 (2015).
(43) Hardesty, B. D., J. Harari, A. Isobe, L. Lebreton, N. Maximenko, J. Potemra, E. van Sebille, A. D. Vethaak, and C. Wilcox, "Using Numerical Model Simulations to Improve the Understanding of Micro-plastic Distribution and Pathways in the Marine Environment", *Frontiers in Marine Science*, **4**, 30 (2017).
(44) Ryan, P. G. "Effects of ingested plastic on seabird feeding: evidence from chickens", *Marine Pollution Bulletin*, **19**, 125-128 (1988).
(45) Spear, L. B., D. G. Ainley, and C. A. Ribic, "Incidence of plastic in seabirds from the tropical Pacific, 1984-91: Relation with distribution, of species, sex, age, season, year and body weight", *Marine Environmental Research*, **40**, 123-146 (1995).
(46) Laist, D. W., "Overview of the biological effects of lost and discarded plastic debris in the marine environment", *Marine Pollution Bulletin*, **18**, 319-326 (1987).
(47) Bugoni, L., L. Kraus, and Petry, M. V., "Marine debris and human

Asian marginal seas", *Marine Pollution Bulletin*, **81**, 174-184 (2014).
(24) Lebreton, L., J. van der Zwet, Damsteeg, J.-W., Slat, B., Andrady, A., and Reisser, J., "River plastic emissions to the world's oceans", *Nature Communications*, **8**, 15611 (2017).
(25) Schmidt, C., Krauth, T., and Wagner, S., "Export of plastic debris by rivers into the sea", *Environmental Science and Technology*, **51**, 12246-12253 (2017).
(26) North Pacific Marine Science Organization, "The effects of marine debris caused by the 2011 tsunami", Report submitted to Ministry of Environment (PICES/MoE Adrift project), (2017).
(27) 風呂田利夫「震災漂流物と漂着外来生物」『Ocean Newsletter』, **312** (2013).
(28) Carlton, J. T., J. W. Chapman, J. B. Geller, J. A. Miller, D. A. Carlton, M. I. McCuller, N. C. Treneman, B. P. Steves, G. M. Ruiz, "Tsunami-driven rafting: Transoceanic species dispersal and implications for marine biogeography", *Science*, **357**, 1402-1406 (2017).
(29) Murray, C. C., N. Maximenko, S. Lippiatt, "The influx of marine debris from the Great Japan Tsunami of 2011 to North American shorelines", *Marine Pollution Bulletin*, **132**, 26-32 (2018).
(30) Kako, S., A. Isobe, T. Kataoka, K. Yufu, S. Sugizono, C. Plybone, T. A. Murphy, "Sequential webcam monitoring and modeling of marine debris abundance", *Marine Pollution Bulletin*, **132**, 33-43 (2018).

第二章

(31) 加藤尚武『環境倫理学のすすめ』丸善 (1991).
(32) R. バックミンスター・フラー『宇宙船地球号操縦マニュアル』(芹沢高志 訳) 筑摩書房 (2000).
(33) David K. A. Barnes, D. K. A, F. Galgani, R. C. Thompson, and M. Barlaz, "Accumulation and fragmentation of plastic debris in global environments", *Philosophical Transactions of the Royal Society B*, **364**, 1985-1998 (2009).
(34) 柳哲雄『風景の構造』創風社出版 (1990).
(35) Laist, D. W., "Impacts of marine debris: entanglement of marine life in marine debris including a comprehensive list of species with entanglement and ingestion records", In: Coe, J. M., Rogers, D. B.

invariant linear input/output system of marine litter", *Marine Pollution Bulletin*, **77**, 266-273 (2013).
(11) Takeoka, H., "Fundamental concepts of exchange and transport time scale in a coastal sea", *Continental Shelf Research*, **3**, 311-326 (1984).
(12) Derraik, J. G. B., "The pollution of marine environment by plastic debris: a review", *Marine Pollution Bulletin*, **44**, 842-852 (2002).
(13) Plastic Europe Market Research Group, Business Data and Charts 2014/2015. https://www.pvch.ch/wp-content/uploads/2017/12/Business-Data-Charts_extern.pdf (2020年4月2日閲覧)
(14) Thompson, R. C., Moore, C. J., vom Saal, F. S., and Swan, S. H., "Plastics, the environment and human health: current consensus and future trends", *Philosophical Transactions of the Royal Society B*, **364**, 2153-2166 (2009).
(15) Geyer, R., J. R. Jambeck, and K. L. Law, "Production, use, and fate of all plastics ever made", *Science Advances*, **3**, e1700782 (2017).
(16) Jambeck, J. R., R. Geyer, C. Wilcox, Siegler, T. R., Perryman, M., Andrady, A., Narayan, R., and K. L. Law, "Plastic waste inputs from land into the ocean", *Science*, **347**, 768-771 (2015).
(17) プラスチック循環利用協会「2018年プラスチック製品の生産・廃棄・再資源化・処理処分の状況 マテリアルフロー図」(2019).
(18) Andrady, A. L., "Microplastics in the environment", *Marine Pollution Bulletin*, **62**, 1596-1605 (2011).
(19) 日本経済新聞社『経済新語辞典』日本経済新聞出版社 (2007).
(20) Slavin, C., A. Grage, and M. L. Campbell, "Linking social drivers of marine debris with actual marine debris on beaches", *Marine Pollution Bulletin*, **64**, 1580-1588 (2012).
(21) Hardesty, B. D., C. Wilcox, Q. Schuyler, T. J. Lawson and K. Opie, "Developing a baseline estimate of amounts, types, sources and distribution of coastal litter — an analysis of US marine debris data", Version 1.2. CSIRO: EP167399 (2017).
(22) Kako, S., A. Isobe, S. Seino, and A. Kojima, "Inverse estimation of drifting-object outflows using actual observation data", *Journal of Oceanography*, **66**, 291-297 (2010).
(23) Kako, S., A. Isobe, T. Kataoka, and H. Hinata, "A decadal prediction of the quantity of plastic marine debris littered on beaches of the East

参考文献

共著者が10名以上の場合は，その他（et al）と表記した.

はじめに

（1）桑嶋幹，木原伸浩，工藤保広『図解入門よくわかる最新 プラスチックの仕組みとはたらき（第3版）』秀和システム（2019）.

第一章

（2）Nakashima, E., A. Isobe, S. Magome, S. Kako, and N. Deki, "Using aerial photography and *in situ* measurements to estimate the quantity of macro-litter on beaches", *Marine Pollution Bulletin*, **62**, 762-769（2011）.

（3）磯辺篤彦，日向博文，清野聡子，馬込伸哉，加古真一郎，中島悦子，小島あずさ，金子博「（総説）漂流・漂着ゴミと海洋学—海ゴミプロジェクトの成果と展開—」『沿岸海洋研究』，**49**，139-151（2012）.

（4）環境省，平成26年度漂着ごみ対策総合検討業務報告書．http://www.env.go.jp/water/marine_litter/report_h26.html（2020年4月2日閲覧）

（5）Kako, S., S. Morita, and T. Taneda, "Estimation of plastic marine debris volumes on beaches using unmanned aerial vehicles and image processing based on deep learning", *Marine Pollution Bulletin*, **155**, 111-127（2020）.

（6）Ribic, C. A., "Use of indicator items to monitor marine debris on a New Jersey beach from 1991 to 1996", *Marine Pollution Bulletin*, **36**, 887-891（1998）.

（7）Richardson, P. L., "Drifting in the wind: leeway error in shipdrift data", *Deep-Sea Research*, **44**, 1877-1903（1997）.

（8）Kako, S., A. Isobe, and S. Magome, "Sequential monitoring of beach litter using webcams", *Marine Pollution Bulletin*, **60**, 775-779（2010）.

（9）環境省，第9回海岸漂着物対策推進会議（議事次第）．http://www.env.go.jp/water/marirne_litter/conf/c01_09_gijiroku.pdf（2020年4月2日閲覧）

（10）Kataoka, T., H. Hinata, and S. Kato, "Analysis of a beach as a time-

磯辺　篤彦（いそべ　あつひこ）

1964 年、滋賀県生まれ。88 年愛媛大学大学院修士課程修了。九州大学助教授、愛媛大学教授などを経て、現在、九州大学応用力学研究所教授。博士（理学）。
専門は海洋物理学。海洋プラスチックごみ研究の第一人者として、環境省の研究プロジェクトや、国際協力機構と科学技術振興機構の研究プロジェクトでリーダーを務める。国内では環境省・海岸漂着物対策専門家会議の座長、国外では国際科学会議・海洋科学委員会・海洋プラスチックごみ作業部会や、国連環境計画・科学諮問委員会の委員。
環境大臣賞環境保全功労者表彰（2018 年）、内閣総理大臣賞海洋立国推進功労者表彰（2019 年）、文部科学大臣表彰科学技術賞（2020 年）を受賞。

DOJIN 選書　086

海洋(かいよう)プラスチックごみ問題(もんだい)の真実(しんじつ)

マイクロプラスチックの実態(じったい)と未来予測(みらいよそく)

第 1 版　第 1 刷　2020 年 7 月 30 日
　　　　第 7 刷　2024 年 7 月 10 日

検印廃止

著　　者　磯辺 篤彦
発 行 者　曽根 良介
発 行 所　株式会社化学同人
600 - 8074　京都市下京区仏光寺通柳馬場西入ル
編　集　部　TEL：075-352-3711　FAX：075-352-0371
企画販売部　TEL：075-352-3373　FAX：075-351-8301
振替　01010-7-5702
https://www.kagakudojin.co.jp　webmaster@kagakudojin.co.jp

装　　幀　BAUMDORF・木村 由久
印刷・製本　創栄図書印刷株式会社

JCOPY　〈出版者著作権管理機構委託出版物〉

本書の無断複写は著作権法上での例外を除き禁じられています。複写される場合は、そのつど事前に、出版者著作権管理機構（電話 03-5244-5088、FAX 03-5244-5089、e-mail: info@jcopy.or.jp）の許諾を得てください。

本書のコピー、スキャン、デジタル化などの無断複製は著作権法上での例外を除き禁じられています。本書を代行業者などの第三者に依頼してスキャンやデジタル化することは、たとえ個人や家庭内の利用でも著作権法違反です。

Printed in Japan　Atsuhiko Isobe© 2020
ISBN978-4-7598-1686-0
落丁・乱丁本は送料小社負担にてお取りかえいたします。無断転載・複製を禁ず

DOJIN選書・好評既刊

400年生きるサメ、4万年生きる植物
――生物の寿命はどのように決まるのか

大島靖美

動物から植物まで、生物の寿命をめぐって展開されている研究を幅広く紹介。健康寿命が重視される現代だからこそ、知っておきたい寿命の話。

〈新型コロナウイルス対応改訂版〉パンデミックを阻止せよ！
――感染症を封じ込めるための10のケーススタディ

浦島充佳

スペイン風邪など、感染症アウトブレイクの実事例を読み解いて見えてきた、封じ込めのための七つのステップ。新型コロナウイルス感染症の内容を加え緊急改訂！

食品添加物はなぜ嫌われるのか
――食品情報を「正しく」読み解くリテラシー

畝山智香子

超加工食品や新しい北欧食をはじめ、近年話題になった食品をめぐるさまざまな問題を取り上げ、情報を判断するためのポイントをわかりやすく解説する。

40℃超えの日本列島でヒトは生きていけるのか
――体温の科学から学ぶ猛暑のサバイバル術

永島 計

体温の決まり方、温度の感じ方、ヒト以外の動物の暑さ対策、熱中症が発症する理由、運動と体温の関係など、広範な話題から解き明かす体温調節のしくみ。

「かわいい」のちから
――実験で探るその心理

入戸野宏

かわいい色や形、年齢や性別による感じ方の違い、かわいいものに近づきたくなる心理などを実験心理学で探る。これまでになかった、科学的なかわいい論の登場。

DOJIN選書・好評既刊

AI社会の歩き方
——人工知能とどう付き合うか

江間有沙

人工知能が社会に浸透するとき、どのような変化が起こるのか。さまざまな事例とともに論点を整理し、人工知能と社会の関係の地図を描く。松尾豊氏推薦！

フェイクニュースを科学する
——拡散するデマ、陰謀論、プロパガンダのしくみ

笹原和俊

フェイクニュースはなぜ拡散するのか。人間の認知特性、情報環境の特徴、情報過多と注意力の限界などの側面からその全体像に迫り、対抗手段の有効性を検討する。

単位は進化する
——究極の精度をめざして

安田正美

長さ、質量、時間、電流、熱力学温度を取り上げ、精度の高い単位が求められる理由を、科学の進歩と社会的なニーズへの対応という観点からわかりやすく説き起こす。

生物多様性の謎に迫る
——「種分化」からさぐる新しい種の誕生のしくみ

寺井洋平

生物多様性の原動力「種分化」が起きる過程を、アフリカの湖に生息するシクリッドの研究を中心に紹介。野外調査の様子も交え、生物研究の魅力を大いに語る。

100年後の世界
——SF映画から考えるテクノロジーと社会の未来

鈴木貴之

私たちは、現在、そして未来のテクノロジーとどう付き合っていけばよいのだろうか。遺伝子操作、サイボーグ、人工知能などをめぐって展開される刺激的論考！

DOJIN選書・好評既刊

アリ！ なんであんたはそうなのか
――フェロモンで読み解くアリの生き方

尾崎まみこ

時にアリと会話し、時にアリ目線の自然に身を置き、脱線を繰り返しながら読み解く、アリの生き方。前代未聞のアリの本、誕生。

音楽療法はどれだけ有効か
――科学的根拠を検証する

佐藤正之

認知症や失語症、パーキンソン病など、さまざまな疾患への活用が期待される音楽療法。その効果と限界をエビデンスから見きわめる。

ドローンが拓く未来の空
――飛行のしくみを知り安全に利用する

鈴木真二

空の産業革命を拓くと期待されているドローン。この魅力的な機械を安全に使いこなすために、知っておくべきことは何か。ドローンが飛び交う未来の空への展望。

宇宙災害
――太陽と共に生きるということ

片岡龍峰

人工衛星の墜落、『明月記』に残された赤気の記録、さらには大量絶滅と天の川銀河の関係まで。最悪の宇宙環境を探る、時空を超えた旅へ。

植物たちの静かな戦い
――化学物質があやつる生存競争

藤井義晴

植物がつくり出す化学物質によって、周りの植物の生育を妨げたり、促進したりする現象、アレロパシー。その驚きの効果から、動けない植物の生存戦略を探る。